AF341665

MÉMOIRE

SUR LE CALCUL

D'EXPOSITION

INVENT PAR

J E A N   P H I L I P P E   G R U S O N,

Professeur royal des mathématiques au noble corps des Cadets, & à l'Académie d'archi-
tecture & membre ordinaire de l'Académie royale des Sciences & Belles-Lettres
à Berlin &c.

BERLIN 1802.

LE CALCUL D'EXPOSITION.

INVENTÉ
PAR JEAN PHILIPPE GRUSON *).

INTRODUCTION.

En lifant aujourd'hui mon premier Mémoire à l'illuftre Académie dont j'ai l'honneur d'être membre, j'ofe réclamer fon indulgence à mon égard, & la liberté de lui parler avec une confiance qui eft fondée fur celle que j'ai du caractère de mes illuftres Confrères. J'ofe me flatter de profiter beaucoup dans la fociété d'hommes auffi éclairés que refpectables, & je tâcherai toujours à leur exemple de me rendre utile de plus en plus au perfectionnement des hautes fciences qu'ils cultivent avec autant de gloire que de fuccès, & de mériter autant qu'il fera en moi, la diftinction honorable que Sa Majefté a bien voulu m'accorder en m'agrégeant à ce Corps illuftre à tant d'égards. J'ai l'honneur de lui préfenter aujourd'hui un Mémoire fur un nouveau calcul que j'ai inventé, & que j'ai appelé le *Calcul d'Expofition*, par lequel je traite avec la même facilité & la même célérité toutes les différentes parties de l'analyfe, qui font l'objet du calcul différentiel, &, fi j'ofe porter un jugement, qui a la préférence fur le dernier calcul, d'être plus clair & plus évident, n'ayant befoin que des principes connus de l'al-

*) Lu à l'Académie le 14 juin 1798.

gèbre ordinaire, ainfi qu'il n'a d'autre métaphyfique que celle qui con-
fifte dans les premiers principes & dans les opérations fondamentales
du calcul; auffi ce n'eft pas un des moindres avantages que mon calcul
fe lie immédiatement à l'algèbre, dont le calcul différentiel a fait jusqu'ici une fcience féparée, & fi je ne me trompe, on trouvera même
que mon calcul m'a conduit plus loin qu'on n'a été jusqu'ici, & que
j'ai fu manier mon calcul de manière qu'il paroît ne rien céder pour la
fimplicité, célérité & généralité des opérations, au calcul *combinatoire*
de M. *Hindenburg*, fans pourtant diminuer le mérite de cette analyfe
combinatoire, qui dans le fond a la préférence d'être fondée fur des
principes beaucoup plus élémentaires; & fans fa connoiffance, je l'avoue
franchement, je n'aurois peut-être pas réuffi. J'ofe me flatter auffi que
cette illuftre Académie voudra bien me pardonner d'ofer lui préfenter
un Mémoire fur un objet qu'elle a déjà couronné en 1786 *). M.
Lhuilier traitant ces hauts calculs par la méthode des limites, avec
beaucoup de fagacité & plus de foin encore que *Maclaurin*, *d'Alem-
bert* & plufieurs autres auteurs avant lui, m'a bien convaincu qu'on peut
par la théorie des limites envifagées d'une manière particulière, démontrer rigoureufement les principes du calcul différentiel. Mais je ne
peux pas diffimuler que l'efpèce de métaphyfique qu'on eft obligé d'y
employer, me femble étrangère à l'efprit de l'analyfe. Il me paroît
même qu'on s'éloigne quelquefois du vrai fens des limites, car les
véritables limites, fuivant les notions des anciens, font des quantités
qu'on ne peut paffer, quoiqu'on puiffe en approcher auffi près que l'on
veut. La géométrie élémentaire nous apprend que le cercle eft la vé-
ritable limite des polygones infcrits & circonfcrits. Mais la fous-tangente n'eft pas à la rigueur la limite des fous-fécantes, parce que rien
n'empéche la fous-fécante de croître encore lorfqu'elle eft devenue
fous-tangente.

Mon

*) Voyez Expofition élémentaire des principes des calculs fupérieurs, qui a rem-
porté le prix pour l'année 1786 par M. *Lhuilier*.

Mon invention étoit faite long-temps avant que j'eusse le bonheur de voir l'ouvrage du célèbre & illustre *la Grange* sur la Nouvelle théorie des fonctions, dont je viens de donner une traduction en allemand. Ses principes sont entièrement différens des miens, & distinguent assez ma marche de celle du génie supérieur de ce grand homme.

Exposition de quelques principes préliminaires de l'analyse élémentaire.

Pour donner à mon essai d'un nouveau calcul toute la clarté & la rigueur possible, j'aurai l'honneur d'exposer ici quelques principes sur la forme que prend le développement d'une fonction de la forme $(1 + Ax + Bx^2 + Cx^3 + Dx^4 \ldots . Qx^p)$, si on la multiplie ou divise par une ou par plusieurs fonctions de la même forme, ou si on l'élève à une puissance quelconque, entière, fractionnaire, positive ou négative. Je ne me souviens pas d'avoir trouvé cette matière traitée nulle part assez satisfaisante, & pour les autres théorèmes & problèmes que je traiterai dans cette exposition, je ne connois aucun ouvrage où la manière de procéder soit aussi expéditive & élémentaire en même temps, n'ayant par-tout besoin que des principes de l'algèbre ordinaire, ce qui donne aux démonstrations une évidence qui ne laisse rien à désirer.

§ 1.

Multipliant les deux fonctions F & f de la forme suivante:

$$F = 1 + Ax + Bx^2 + Cx^3 + \ldots . + Qx^n$$
$$f = 1 + ax + bx^2 + cx^3 + \ldots . + qx^m$$

le produit sera pareillement une fonction de la même forme de x.

Car le produit de ces deux fonctions sera

$$F.f = f + f.Ax + f.Bx^2 + f.Cx^3 + \ldots + f.Qx^n$$

mais ici le premier terme f est une des fonctions données, & les autres termes, comme $f.Qx^n$, donnent évidemment des fonctions de la forme

$$f.Qx^n = Qx^n + Qax^{n+1} + Qbx^{n+2} + \ldots + Qqx^{n+m}$$

B

$$\text{🙰} \quad 4 \quad \text{🙰}$$

donc la fomme $f + f.Ax + f.Bx^2 + \ldots + f.Qx^n$ ou $F.f$ fera fûrement de la même forme que F & f ou
$$F.f = 1 + \alpha x + \beta x^2 + \delta x^3 + \ldots + \mu x^{m+n}.$$

$$\S \quad 2.$$

De là fuit que le produit d'autant de fonctions de la forme
$$1 + Ax + Bx^2 + \ldots + Qx^n$$
fera toujours une fonction de la même forme.

$$\S \quad 3.$$

De même, (n) étant un nombre entier & pofitif, on aura
$$(f)^n = (1 + ax + bx^2 + cx^3 + \ldots + qx^m)^n$$
$$= 1 + Ax + Bx^2 + Cx^3 + \ldots + Qx^{nm}$$
c'eft-à-dire $(f)^n = f^n$ fera de la même forme que f.

$$\S \quad 4.$$

Soient F & f toujours des fonctions de la forme en queftion, il eft fûr que fous la condition que m & n foient des nombres entiers & pofitifs, on aura toujours
$$(F)^m \text{ de la même forme que } (F)^n.$$
De là fuit que $[(F)^m]^{\frac{1}{n}}$ doit auffi être de la même forme que $[(F)^n]^{\frac{1}{n}}$
c'eft-à-dire $(F)^{\frac{m}{n}}$ eft de la même forme que F.

Il eft d'ailleurs clair que $\frac{m}{n}$ peut repréfenter tel nombre rompu qu'on voudra

$$\S \quad 5.$$

$$\frac{1}{F} = \frac{1}{1+y} = 1 - y + y^2 - y^3 + y^4 - y^5 + \ldots$$
ici $y = ax + bx^2 + cx^3 + \ldots$
$$= ax\left(1 + \frac{b}{a}x + \frac{c}{a}x^2 + \frac{d}{a}x^3 + \ldots\right)$$

donc chaque puiſſance r de y ſera

$$y^r = a^r x^r \left(1 + \frac{b}{a} x + \frac{c}{a} x^2 + \dots \right)^r$$

donc y^r eſt ſûrement de la forme $\alpha x^r + \beta x^{r+1} + \gamma x^{r+2} + \dots$ ainſi ſans contradiction

$$\frac{1}{F} \text{ eſt de la même forme que } F.$$

Comme $\frac{f}{F} = \frac{1}{F} \cdot f$, on a ſans diſpute auſſi ($\S$ 1.)

$$\frac{f}{F} \text{ de la même forme que } f \ \& \ F$$

donc $\left(\frac{1}{F}\right)^m$ $\&$ $\left(\frac{1}{F}\right)^{\frac{m}{n}}$ ou $\frac{1}{F^m}$ $\&$ $\frac{1}{F^{\frac{m}{n}}}$ ou F^{-n} $\&$ $F^{-\frac{m}{n}}$ de la même forme que F ($\S$ 4.).

$\S$ 6.

Il ſera donc toujours permis de ſuppoſer l'égalité
$$(1 + ax + bx^2 + \dots)^n = 1 + Ax + Bx^2 + Cx^3 + \dots$$
quel que ſoit l'expoſant n, nombre entier, rompu, poſitif ou négatif. Comme on peut toujours aſſigner les limites entre leſquelles un nombre irrationnel tombe, & que l'égalité précédente ſubſiſte toujours pour ces dites limites, elle doit auſſi être juſte pour n irrationnel.

$\S$ 7.

Je m'arrête ici, n'ayant pour le moment beſoin que des fonctions d'une ſeule variable, mais j'ajouterai quelques propoſitions analytiques dont j'aurai beſoin dans la ſuite, & qu'il ſera bon d'avoir ſous les yeux.

$\S$ 8.

Si l'on a une équation entre des quantités qui dépendent d'une variable, & d'autres qui n'en dépendent pas & demeurent toujours les mêmes; & que l'équation ait lieu pour des valeurs quelconques de la variable; les termes indépendans & les termes dépendans de cette variable ſeront ſéparément égaux entre eux.

Ce principe qui eft le fondement de la méthode des coëfficiens indéterminés, fe trouve démontré dans tous les bons ouvrages d'algèbre. Je ne donnerai donc ici que quelques exemples.

A, B, C . . ., a, b, c, d . . . f, F étant des quantités indépendantes de x, & qu'on a pour toutes les valeurs poffible de x

$$F = f + ax + bx^2 + cx^3 + \ldots$$
$$\text{ou } F + Ax + Bx^2 + \ldots = f + ax + bx^2 + \ldots$$

Il fuit du principe énoncé que

$$F = f;$$

en particulier on tire de la première équation

$$a = b = c = d = \ldots = 0$$

& de la feconde équation

$$A = a$$
$$B = b$$
$$C = c \quad \&c.$$

§ 9.

A, B étant des quantités déterminées x, y deux quantités variables & qui peuvent devenir plus petites que toute quantité finie & affignable de la méme efpèce, & qu'on a pour toutes les valeurs de x & y

I) $A < B + x$ & en même temps $A > B - y$

II) $A < B - x$ & en même temps $A > B - y$

on tirera tout de fuite, de (I) auffi bien que de (II) l'équation

$$A = B$$

car il eft vifible que $A >$ ou $<$ que B nous fait tomber dans une
abfurdité.

On pourra imaginer encore les cas fuivans:

III) $A < B - x$ & en même temps $A > B + y$

mais ces deux conditions ne peuvent pas fubfifter en méme temps; de
même les conditions

IV) $A > B + x$ & en même temps $A < B + y$

ne peuvent pas avoir lieu pour toutes les valeurs de x & y.

§ 10.

Il fuit delà qu'en général, ayant

$$A > B \pm x \ \text{ & en même temps } \ A < B \pm y$$

on en a le droit d'en conclure que $A = B$.

§ 11.

Voici une application qui nous fera utile pour nos recherches. La fomme de la férie géométrique décroiffante $a + ae + ae^2 + ae^3 + \dots ae^{n-1}$ du premier terme (a) jufqu'au dernier $u = ae^{n-1}$ eft

$$S = \frac{a}{1-e} - \frac{ue}{1-e}$$

Il eft facile à concevoir qu'on peut prendre dans la férie propofée autant de termes, ainfi que dans la formule de la fomme la partie $\frac{ue}{1-e}$ devienne plus petite qu'aucune quantité finie & affignable; foit Σ la fomme de la dite férie prife à l'infini, nous faurons pour fûr que

$$\Sigma < \frac{a}{1-e} + \frac{ue}{1-e} \ \text{ mais en même temps } \ \Sigma > \frac{a}{1-e} - \frac{ue}{1-e}$$

donc d'après (§ 10.) $\Sigma = \frac{a}{1-e}$.

§ 12.

Dans la fuite $\frac{a}{1} x + \frac{b}{1.2} . x^2 + \frac{c}{1.2.3} . x^3 + \frac{d}{1.2.3.4} . x^4$

$$+ \dots \frac{r}{1.2.\dots n} x^n + \dots \textit{infinitum}$$

on peut toujours trouver pour la quantité variable x une valeur comprife entre zéro & l'unité, telle que chacun des termes furpaffe la fomme de ceux qui le fuivent.

Soit $s = \frac{b}{1.2} . x^2 + \frac{c}{1.2.3} . x^3 + \frac{d}{1.2.3.4} . x^4 + \dots \textit{infinitum}$

& défignons par C le plus grand coëfficient de la fuite, ou même une quantité plus grande que ce plus grand coëfficient: on aura évidemment

$$s < Cx^2 + Cx^3 + Cx^4 \ldots$$
$$\text{ou} \quad s < Cx \left[x + x^2 + x^3 + \ldots \right]$$
$$s < Cx \cdot \frac{x}{1-x} = \frac{Cx^2}{1-x} \quad (\S \, 11.)$$

tout se réduit donc à prouver qu'on peut toujours assigner pour x une valeur telle qu'on ait, par exemple,

$$a x > \frac{Cx^2}{1-x}$$

car cette valeur donnera, à *fortiori*, $ax > s$, on aura donc

$$a > \frac{Cx}{1-x}$$
$$a - ax > Cx \text{ *)}$$
$$a > (C + a) x$$
$$\text{d'où} \quad \frac{a}{a+C} > x.$$

Ainsi toutes les valeurs de x comprises entre zéro & $\frac{a}{x+C}$ satisferont à cette condition.

On démontreroit de la même manière qu'on peut toujours trouver pour x une valeur telle que l'un quelconque des autres termes surpasse la somme de ceux qui le suivent, & on assigneroit les limites entre lesquelles sont comprises ces valeurs de x.

Soit en général

$$S = \frac{s \cdot x^{n+1}}{1.2 \ldots n(n+1)} + \frac{t \cdot x^{n+2}}{1.2 \ldots (n+1)(n+2)} + \ldots \textit{infinitum}$$

*) Je dois faire observer au lecteur peu versé dans l'analyse, qu'on se permet quelquefois ici de raisonner: comme le plus grand doit toujours rester plus grand, & le moindre moindre, quand on multiplie une inégalité par une égalité, ainsi $\quad a - ax > Cx$

$$\text{multiplié par} \quad -1 = -1$$
$$\text{ce qui donne} \quad -a + ax > -Cx$$
$$\text{d'où} \quad (a + C) x > a$$

& de là $x > \frac{a}{a+C}$, résultat évidemment faux. Il n'est pas difficile de dévoiler ce sophisme.

donc
$$S < C \cdot x^{n+1} + C \cdot x^{n+2} + \ldots$$
$$S < C \cdot x^n [x + x^2 + \ldots]$$
$$S < \frac{C x^{n+1}}{1 - x} \quad (\S 11.).$$

La condition est
$$\frac{r}{1.2 \ldots n} \cdot x^n > S$$

& cette condition sera sûrement remplie, si on fait
$$\frac{r}{1.2 \ldots n} x^n > \frac{C x^{n+1}}{1 - x}$$

ou
$$\frac{r}{1.2 \ldots n} > \frac{C x}{1 - x}$$

d'ou résulte
$$\frac{r}{1.2 \ldots n \cdot C + r} > x.$$

§ 13.

Soit y un nombre aussi petit qu'on voudra on doit trouver un nombre x tel que
$$y > Ax + Bx^2 + Cx^3 + \ldots$$

Supposons K le plus grand coëfficient, on aura
$$Ax + Bx^2 + \ldots < Kx + Kx^2 + Kx^3 + \ldots$$

ou $Ax + Bx^2 + \ldots < \dfrac{K x}{1 - x} \quad (\S 11.)$

On satisfera donc à la question en cherchant pour x une valeur telle que
$$\frac{K x}{1 - x} < y$$

ce qui donne $x < \dfrac{y}{K + y}$

donc, toutes les valeurs de x comprises entre zéro & $\dfrac{y}{K + y}$ rempliront la question.

J'ai supposé tous les termes positifs, on voit bien que s'il y a quelques termes positifs & d'autres négatifs qu'à *fortiori* $x < \dfrac{y}{K + y}$ résoudra la question.

§ 14.

Déterminer la valeur de x pour que $Ax > Bx^2 + Cx^3 + \dots$ & en même temps $Ax + Bx^2 + Cx^3 + \dots < y$. Par les conditions on a $2Ax > Ax + Bx^2 + \dots$ ou $2Ax > \frac{Kx}{1-x}$ (§ 13.) ainsi $2A > \frac{K}{1-x}$; d'où $x < \frac{2A-K}{2A}$. Mais on a encore par les conditions $2Ax < y$ donc $x < \frac{y}{2A}$; on n'a donc qu'à prendre pour x une valeur plus petite encore que la plus petite de ces deux valeurs.

§ 15.

Soit pour toutes les valeurs de x
$$A > B + ax + bx^2 + \dots$$
& en même temps $A < B + \alpha x + \beta x^2 + \dots$
on en conclura $A = B$ (§§ 9. 12.).

§ 16.

Si l'on a trois expressions ordonnées suivant les puissances de x
$$U = A + Bx + Cx^2 + Dx^3 + \dots = A + u$$
$$V = \alpha + \beta x + \gamma x^2 + \delta x^3 + \dots = \alpha + v$$
$$W = a + bx + cx^2 + dx^3 + \dots = a + w$$
& que, sans connoître la valeur de V, on sache qu'elle est intermédiaire entre celles de U & de W, c'est-à-dire plus grande que l'une & moindre que l'autre; si les deux séries extrêmes ont un certain nombre de leurs premiers termes égaux entre eux, la série de V aura le même nombre de ses premiers termes égaux aux termes correspondans des autres séries. Si l'on a, par exemple, $A = a$, $B = b$; on aura aussi $\alpha = A$, $\beta = B$.

Car selon les conditions on a
$$\alpha + v > A + u \text{ \& en même temps } \alpha + v < a + w$$
$$\text{ou } \alpha > A + u - v \text{ \& en même temps } \alpha < a + w - v$$
mettant $A = a$ on aura
$$\alpha > a + u - v \text{ \& en même temps } \alpha < a + w - v$$

mais

mais comme on peut toujours affigner une valeur pour x telle que les quantités u, v, w & ainfi $u - v$, $w - v$ deviennent plus petites qu'aucune quantité donnée ($\S$ 13.) nous aurons de là tout de fuite ($\S$ 9. IV)

$$a = a$$

L'égalité des autres termes fe démontre d'une manière analogue.

$\S$ 17.

L'importance des principes ci-deffus fe manifefte dans beaucoup de recherches analytiques; nous ne ferons ici qu'effleurer quelques applications. Mais pour abréger les expreffions nous repréfenterons dans la fuite, une férie telle que

$$A x^n + B x^{n+1} + C x^{n+2} \ldots = (A + B x + C x^2 \ldots) x^n$$

par $\mathfrak{P} x^n$, $\mathfrak{P}' x^n$, $\mathfrak{P}'' x^n$ &c. ou par $\mathfrak{Q} x^n$, $\mathfrak{Q}' x^n$, $\mathfrak{Q}'' x^n$ &c. On peut donc repréfenter

$$1 + a x + b x^2 + c x^3 + \ldots \text{ par } 1 + a x + \mathfrak{P} x^2$$

de même

$$a + b x + c x^2 + d x^3 + \ldots \text{ par } a + b x + \mathfrak{P} x^2$$

ou $\quad a \left[1 + \frac{b}{a} x + \frac{c}{a} x^2 + \frac{d}{a} x^3 + \ldots \right]$ par $a \left[1 + \frac{b}{a} + \mathfrak{P} x^2 \right]$

donc

$$a + \beta x + \mathfrak{Q} x^2 \text{ fe lira } a + \beta x + \gamma x^2 + \delta x^3 + \ldots$$

$\S$ 18.

I) Soit $F = a + b x + \mathfrak{P} x^2$ & $f = \alpha + \beta x + \mathfrak{Q} x^2$ La fimple multiplication nous fait voir que

$$F \cdot f = (a + b x + \mathfrak{P} x^2) \cdot (\alpha + \beta x + \mathfrak{Q} x^2)$$
$$= a \cdot \alpha + (a \cdot \beta + \alpha \cdot b) x + \mathfrak{P} x^2$$

de là pour $F = f$

$$F^2 = (a + b x + \mathfrak{P} x^2)(a + b x + \mathfrak{Q} x^2)$$
$$= a^2 + 2 a b x + \mathfrak{P}' x^2$$

de même

$$F^3 = (a^2 + 2 a b x + \mathfrak{P}' x^2)(a + b x + \mathfrak{Q} x^2)$$
$$= a^3 + 3 a^2 b x + \mathfrak{P}'' x^2$$

C

nous en conclurons qu'on aura en général pour un nombre n quelconque entier & pofitif

II) $F^n = a^n + na^{n-1} bx + \mathfrak{Q}'x^2$

car en fuppofant l'expreffion jufte pour F^n nous en déduirons

$$F^{n+1} = F^n . F = (a^n + na^{n-1}bx + \mathfrak{Q}'x^2)(a + bx + \mathfrak{P}x^2)$$
$$= a^{n+1} + (n+1)a^n bx + \mathfrak{Q}''x^2$$

III) Donc l'expreffion étant vraie pour la feconde & troifième puiffance de F (I) elle doit auffi être jufte pour la $(3+1)$ ou 4me, donc auffi pour la $(4+1)$ ou 5me puiffance &c. (II)

IV) $F = a + bx + \mathfrak{P}x^2 = a\left[1 + \dfrac{b}{a}x + \mathfrak{P}'x^2\right]$

donne $F^n = a^n\left[1 + \dfrac{b}{a}x + \mathfrak{P}'x^2\right]^n = a^n\left[1 + n\dfrac{b}{a}x + \mathfrak{P}''x^2\right]$ (II)

mais $\dfrac{F^n}{a^n}$ ayant la même forme que $\dfrac{F}{a}$ (§ 5.) quel que foit l'expofant n, on aura donc rigoureufement pour toutes les valeurs imaginables de n

$$F^n = a^n\left[1 + n . \dfrac{b}{a}x + \mathfrak{P}''x^2\right]$$
$$= a^n + na^{n-1}bx + \mathfrak{P}x^2$$

Nous aurons donc auffi pour

$$F = a + x$$
$$F^n = (a + x)^n = a^n + na^{n-1}x + \mathfrak{P}x^2.$$

Quiconque fouhaite une autre démonftration pour le cas où l'expofant n eft un nombre rompu ou négatif, verra facilement comment s'y prendre. (Voyez le calcul Différ. & Intégral par *Lacroix* Tom. I. Intr. § 16.).

$$\S \ 19.$$

I) Soit $F = x^n$ on aura $F + \Delta F = (x + \Delta x)^n$
$$= x^n + n . x^{n-1} . \Delta x + \mathfrak{P} \Delta x^2 \quad (\S 18, IV)$$
$$= x^n + n . x^n . \dfrac{\Delta x}{x} + \mathfrak{P} \Delta x^2.$$

II) Soit en général $F = Ax^a + Bx^b + Cx^x + Dx^d + \ldots$
on aura $F + \Delta F = A(x+\Delta x)^a + B(x+\Delta x)^b + C(x+\Delta x)^c$
$$+ D(x+\Delta x)^d + \ldots$$

$$= A\left(x^a + a\frac{x^a}{x} . \Delta x + \mathfrak{P}\,\Delta x^2\right)$$
$$+ B\left(x^b + b\frac{x^b}{x} . \Delta x + \mathfrak{P}'\,\Delta x^2\right)$$
$$+ C\left(x^c + c\frac{x^c}{x} . \Delta x + \mathfrak{P}''\,\Delta x^2\right)$$
$$+ D\left(x^d + d\frac{x^d}{x} . \Delta x + \mathfrak{P}'''\,\Delta x^2\right) \&c.$$

$$= Ax^a + Bx^b + Cx^c + Dx^d + \ldots$$
$$+ [A . ax^a + B . bx^b + C . cx^c + D . dx^d + \ldots]\frac{\Delta x}{x}$$
$$+ \Omega\Delta x^2\ {}^*) \quad (\mathrm{I}).$$

Regardons ces développemens avec attention, on ne peut manquer
d'obferver

  Primo. Que le premier terme eft toujours la fonction propofée F
  elle-même.

  Secundo. Que le fecond terme fe reçoit en multipliant chaque terme de la fonction propofée par l'expofant de la variable
  x, & le réfultat de la fomme par $\frac{\Delta x}{x}$. C'eft-à-dire par
  l'accroiffement de la variable divifée par elle.

  Tertio. Du troifième terme $(\Omega\Delta x^2)$ on ne connoît jufqu'ici que
  fa forme générale c'eft-à-dire on fait que $\Omega\Delta x^2$ doit
  être de la forme fuivante
  $$(\alpha + \beta\Delta x + \gamma\Delta x^2 + \ldots)\,\Delta x^2.$$

Ces obfervations nous fourniffent un moyen d'indiquer par un figne
l'opération qu'il faut faire pour avoir le fecond terme d'un tel développement. Pour cet effet nous indiquons par un E renverfé $(\mathfrak{Z})$ que nous

---

*) $\mathfrak{P}$, $\mathfrak{P}'$, $\mathfrak{P}''$, $\mathfrak{P}'''$ ... étant tous de la forme $\alpha + \beta\Delta x + \gamma\Delta x^2 + \delta\Delta x^3 + \ldots$,
($\S$ 17. 18.) leur fomme Ω le fera fûrement auffi.

plaçons à côté gauche de la fonction, qu'on doit multiplier chaque terme de la fonction avec l'expofant de la variable qui s'y trouve, & nous aurons toujours F étant une fonction de x de la forme $A x^a + B x^b + C x^c + \dots$;

$$F + \Delta F = F + \mathfrak{D} F \cdot \frac{\Delta x}{x} + \mathfrak{P} \Delta x^2$$

expreffion très-courte, fignificative & très-importante. On en tire auffi

$$\Delta F = \mathfrak{D} F \cdot \frac{\Delta x}{x} + \mathfrak{P} \Delta x^2$$

Il me fera permis de faire ici quelques applications de ce paragraphe & des précédens fur les fonctions algébriques & transcendantes d'une feule variable.

§ 20.

A. Des fonctions algébriques.

1) Le théorème binome.

Soit $F = (1 + x)^n = 1 + nx + ax^2 + bx^3 + cx^4 + \dots$ (§ 18.)

on a $F + \Delta F = (1 + x + \Delta x)^n = (1 + x)^n$
$$+ n(1 + x)^{n-1} \Delta x + \mathfrak{P} \Delta x^2 \dots \text{(§ 18.)}$$

ou $F + \dfrac{\mathfrak{D} F}{x} \cdot \Delta x + \mathfrak{Q} \Delta x^2 = (1 + x)^n$
$$+ n \frac{(1 + x)^n}{1 + x} \cdot \Delta x + \mathfrak{P} \Delta x^2 \dots \text{(§ 19.)}$$

donc 1) $\dfrac{\mathfrak{D} F}{x} = \dfrac{n(1 + x)^n}{1 + x}$ ou $\dfrac{\mathfrak{D}(1 + x)^n}{x} = \dfrac{n(1 + x)^n}{1 + x}$ (§ 8.)

réfultat bien remarquable

ou $(1 + x) \cdot \dfrac{\mathfrak{D}(x^0 + nx + ax^2 + bx^3 + cx^4 + \dots)}{x}$
$$= n + n^2 x + nax^2 + nbx^3 + ncx^4 + \dots \quad \text{c'eft-à-dire}$$

$(1 + x)(n + 2ax + 3bx^2 + 4cx^3 + \dots)$
$$= n + n^2 x + nax^2 + nbx^3 + ncx^4 + \dots$$

ou $n + 2a\big|x + 3b\big|x^2 + 4c\big|x^3 = n + n^2 x + nax^2 + nbx^2$
$$ n\big| \qquad 2a\big| \qquad 3b\big| \qquad\qquad + ncx^4 + \dots$$

ce qui nous fournit les équations suivantes (§ 8.)

$$\left.\begin{array}{rcl} n &=& n \\ 2a + n &=& n^2 \\ 3b + 2a &=& na \\ 4c + 3b &=& nb \end{array}\right\}\ \text{de là nous trouvons}\ \left\{\begin{array}{rcl} n &=& n \\[4pt] a &=& \dfrac{n . n - 1}{1 . 2} \\[8pt] b &=& \dfrac{n . n - 1 . n - 2}{1 . 2 . 3} \\[8pt] c &=& \dfrac{n . n - 1 . n - 2 . n - 3}{1 . 2 . 3 . 4} \end{array}\right.$$

$$\text{\&c.} \qquad\qquad\qquad\qquad \text{\&c.}$$

2) donc
$$(1 + x)^n = 1 + \frac{n}{1}x + \frac{n . n - 1}{1 . 2} x^{n-1}$$
$$+ \frac{n . n - 1 . n - 2}{1 . 2 . 3} x^{n-2} + \ldots$$

& de là on aura facilement

3)
$$(a + b)^n = a^n \left(1 + \frac{b}{a}\right)^n$$
$$= a^n \left[1 + \frac{n}{1} \cdot \frac{b}{a} + \frac{n . n - 1}{1 . 2} \cdot \frac{b^2}{a^2} + \frac{n . n - 1 . n - 2}{1 . 2 . 3} \cdot \frac{b^3}{a^3} + \ldots \right]$$
$$= a^n + na^{n-1}b + \frac{n . n - 1}{1 . 2} \cdot a^{n-2}b^2 + \ldots$$

Cette démonstration du théorème de binome est sûrement aussi rigoureuse qu'il est possible, & on verra bientôt que la marche est exactement la même que celle du calcul différentiel, & que nous ne différons que par les principes, dont les miens me semblent plus évidens.

Comme il est très-facile de démontrer d'une manière élémentaire le développement de $(a + b)^n$, n étant un nombre entier & positif, il suit déjà du § 5. que le développement de $(a + b)^n$ est vrai pour toutes les valeurs quelconques de n.

$$\S\ 21.$$

2) *Le théorème polynome.*

Soit à développer $(ay^n + by^{n+r} + cy^{n+2r} + \ldots)^p$
$$= ay^{np} \left(1 + \frac{b}{a}y^r + \frac{c}{a}y^{2r} + \ldots\right)^p$$

au lieu de y^r mettez x, vous aurez

$$a\,x^{\frac{np}{r}}\left(1 + \frac{b}{a}\,x + \frac{c}{a}\,x^2 + \dots\right)^p.$$

Tout dépend donc du développement d'une fonction de la forme suivante

$$F = \left(1 + \overset{1}{a}x + \overset{2}{a}x^2 + \overset{3}{a}x^3 + \dots \overset{r}{a}x^r + \dots\right)^n = f^n$$
$$= 1 + \overset{1}{A}x + \overset{2}{A}x^2 + \overset{3}{A}x^3 + \dots \overset{r}{A}x^r \dots \ (\S\,6.).$$

Nous aurons $F + \Delta F = (f + \Delta f)^n$

ou $F + \dfrac{\eth F}{x}\Delta x + \mathfrak{P}\Delta x^2 = \left(f + \dfrac{\eth f}{x}\Delta x + \mathfrak{Q}\Delta x^2\right)^n (\S\,19.)$

$$= f^n + n\cdot f^{n-1}\cdot\frac{\eth f}{x}\Delta x + \mathfrak{Q}'\Delta x^2 \ (\S\,18.)$$

$$\frac{\eth F}{x} = \frac{n\cdot f^n}{f}\cdot\frac{\eth f}{x} \ (\S\,8.) \text{ ou } f\frac{\eth F}{x} = n\cdot F\cdot\frac{\eth f}{x}$$

c'est-à-dire

$$\left(1 + \overset{1}{a}x + \overset{2}{a}x^2 + \dots \overset{r}{a}x^r \dots\right)\cdot\frac{\eth\left[x^0 + \overset{1}{A}x + \overset{2}{A}x^2 + \dots \overset{r}{A}x^r + \dots\right]}{x}$$
$$= n\left[1 + \overset{1}{A}x + \overset{2}{A}x^2 + \dots \overset{r}{A}x^r + \dots\right]\left[\frac{\eth\left(x^0 + \overset{1}{a}x + \overset{2}{a}x^2 + \dots \overset{r}{a}x^r + \dots\right)}{x}\right]$$

ou

$$\left[1 + \overset{1}{a}x + \overset{2}{a}x^2 + \dots \overset{r}{a}x^r + \dots\right]\left[\overset{1}{A} + 2\overset{2}{A}x + 3\overset{3}{A}x^2 + \dots r\overset{r}{A}x^{r-1} + \dots\right]$$
$$= n\left[1 + \overset{1}{A}x + \overset{2}{A}x^2 + \dots \overset{r}{A}x^r\right]\left[\overset{1}{a} + 2\overset{2}{a}x + 3\overset{3}{a}x^2 + \dots r\overset{r}{a}x^{r-1} + \dots\right]$$

Le coëfficient du terme dans le produit $f\cdot\dfrac{\eth F}{x}$ qui est affecté de x^r, doit être égal au même terme dans le produit $n\cdot F\cdot\dfrac{\eth f}{x}$; donc

$$\left[(r+1)\overset{r+1}{A} + r\overset{r}{A}\overset{1}{a} + (r-1)\overset{r-1}{A}\overset{2}{a} + \dots 2\overset{2}{A}\overset{r-1}{a} + \overset{1}{A}\overset{r}{a}\right]$$
$$= n\left[(r+1)\overset{r+1}{a} + r\overset{r}{a}\overset{1}{A} + \dots 2\overset{2}{a}\overset{r-1}{A} + \overset{1}{a}\overset{r}{A}\right] \ {}^*)$$

---

*) Avec quelque habitude du calcul on écrira tout de suite ces termes demandé du produit en question. Voyez mon Supplément au calcul différentiel de Euler page 221.

par conséquent

$$\overset{r+2}{A} = \frac{1}{r+1}\left[(n-r)\overset{r}{A}\overset{1}{a} + [2n-(r-1)]\overset{r-1}{A}\overset{2}{a} + [3n-(r-2)]\overset{r-2}{A}\overset{3}{a} + \dots\right.$$
$$\left.[pm-(r-(p-1))]\overset{r-(p-1)}{A}\overset{p}{a} + \dots (nr-1)\overset{1}{A}\overset{r}{a} + n(r+1)\overset{r+1}{a}\right].$$

De cette expression générale on déduit aisément les coëfficiens qui répondent à x^0, x^1, x^2, x^3 &c., en faisant r successivement égal à 0, 1, 2, 3 &c...., observant que $\overset{0}{A} = 1$, car $\overset{0}{A}$ représente dans la série supposée pour F, le coëfficient du terme x^0 & qui précède $\overset{1}{A}x$. Il est facile de voir que les coëfficiens qui précèdent $\overset{0}{A}$, comme $\overset{-1}{A}$, $\overset{-2}{A}$, $\overset{-3}{A}$ &c. sont tous $= 0$. Il est de même avec $\overset{0}{a}$, $\overset{-1}{a}$, $\overset{-2}{a}$ &c. Enfin $[pn-(r-(p-1))]\overset{r-(p-1)}{A}\overset{p}{a}$ est le terme général de l'expression trouvée pour $\overset{n+1}{A}$, & on en déduit chaque terme, si on fait successivement, $p = 1$, 2, 3, 4 ... $(r+1)$. Ce qui donne

$$\overset{1}{A} = na$$
$$\overset{2}{A} = \tfrac{1}{2}\left[(n-1)\overset{1}{A}\overset{1}{a} + 2na\right]$$
$$\overset{3}{A} = \tfrac{1}{3}\left[(n-2)\overset{2}{A}\overset{1}{a} + (2n-1)\overset{1}{A}\overset{2}{a} + 3na\right]$$
$$\overset{4}{A} = \tfrac{1}{4}\left[(n-3)\overset{3}{A}\overset{1}{a} + (2n-2)\overset{2}{A}\overset{2}{a} + (3n-1)\overset{1}{A}\overset{3}{a} + 4na\right]$$
$$\overset{5}{A} = \tfrac{1}{5}\left[(n-4)\overset{4}{A}\overset{1}{a} + (2n-3)\overset{3}{A}\overset{2}{a} + (3n-2)\overset{2}{A}\overset{3}{a}\right.$$
$$\left. + (4n-1)\overset{1}{A}\overset{4}{a} + 5na\right] \text{ &c.}$$

Cette forme du théorème polynomé dans laquelle chaque coëfficient de x est déterminé par tous les précédens, est remarquable par la simplicité de sa symmétrie. Elle peut aussi être utile pour le calcul numérique des coëfficiens, qu'on cherche ordinairement l'un après l'autre. J'ai donné dans mon Supplément au calcul différentiel de Euler, à l'aide de l'analyse combinatoire, une solution de ce problème, telle qu'on peut trouver chaque coëfficient indépendant des précédens. Je ferai voir plus bas qu'au moyen de mon nouveau calcul je peux aussi trouver chaque coëfficient indépendant des précédens d'une manière très-expéditive.

Comme la démonſtration ci-deſſus eſt indépendante du développement de $(a + b)^n$, on peut regarder le théorème du binome comme un corollaire du théorème polynome.

Ma marche ne diffère auſſi ici du calcul différentiel que par des principes plus élémentaires & évidens. Le théorème ſuivant mettra entièrement au jour que ma méthode s'applique avec la même facilité aux cas les plus difficiles.

$$\S \ 22.$$

Soit

$$\frac{(\overset{0}{a} + \overset{1}{a}x + \overset{2}{a}x^2 + \overset{3}{a}x^3 + \dots)^m}{(\underset{0}{a} + \underset{1}{a}x + \underset{2}{a}x^2 + \underset{3}{a}x^3 + \dots)^n} = \frac{(F)^m}{(f)^n} = \overset{0}{A} + \overset{1}{A}x$$
$$+ \overset{2}{A}x^2 + \overset{3}{A}x^3 + \dots = P.$$

Nous aurons

$$\frac{(F + \Delta F)^m}{(f + \Delta f)^n} = P + \Delta P$$

ou

$$\frac{\left(F + \frac{\partial F}{\partial x}\Delta x + \mathfrak{P}\Delta x^2\right)^m}{\left(f + \frac{\partial f}{\partial x}\Delta x + \mathfrak{P}'\Delta x^2\right)^n} = P + \frac{\partial P}{\partial x}\Delta x + \mathfrak{P}''\Delta x^2 \quad (\S\ 19.)$$

ou

$$\frac{F^m + m.\frac{F^m}{F}.\frac{\partial F}{\partial x}\Delta x + \mathfrak{P}'''\Delta x^2}{f^n + n.\frac{f^n}{f}.\frac{\partial f}{\partial x}\Delta x + \mathfrak{P}^{IV}\Delta x^2} = P + \frac{\partial P}{\partial x}\Delta x + \mathfrak{P}''\Delta x^2 \quad (\S\ 18.)$$

La ſimple diviſion donnera

$$\frac{F^m}{f^n} + \frac{F^m}{f^n}\left[\frac{m}{F}.\frac{\partial F}{\partial x} - \frac{n}{f}.\frac{\partial f}{\partial x}\right]\Delta x + \Omega\Delta x^2$$
$$= P + \frac{\partial P}{\partial x}\Delta x + \mathfrak{P}''\Delta x^2$$

donc ſelon $(\S\ 8.)$

$$P\left[\frac{m}{F}.\frac{\partial F}{\partial x} - \frac{n}{f}.\frac{\partial f}{\partial x}\right] = \frac{\partial P}{\partial x}$$

ou $mP \,.\, f \,.\, \frac{\partial F}{x} - nP \,.\, F \,.\, \frac{\partial f}{x} - F \,.\, f \,.\, \frac{\partial P}{x} = 0.$

Si on développe les produits indiqués, & égalant féparement à zéro le coëfficient de chaque puiffance de x, on obtiendra les équations fuivantes dont la loi eft facile à faifir

$$\overset{0}{a}\overset{0}{\alpha}\overset{1}{A} \left.\begin{array}{r} + n\overset{0}{a}\overset{0}{\alpha} \\ - m\overset{1}{a}\overset{0}{\alpha} \end{array}\right\} \overset{0}{A} = 0$$

$$2\overset{0}{a}\overset{0}{\alpha}\overset{2}{A} \left.\begin{array}{r} + (n+1)\overset{0}{a}\overset{1}{\alpha} \\ - (m-1)\overset{1}{a}\overset{0}{\alpha} \end{array}\right\} \overset{1}{A} \quad \left.\begin{array}{r} + 2n\overset{0}{a}\overset{2}{\alpha} \\ + (n-m)\overset{1}{a}\overset{1}{\alpha} \\ - 2m\overset{2}{a}\overset{0}{\alpha} \end{array}\right\} \overset{0}{A} = 0$$

$$3\overset{0}{a}\overset{0}{\alpha}\overset{3}{A} \left.\begin{array}{r} + (n+2)\overset{0}{a}\overset{1}{\alpha} \\ - (m-2)\overset{1}{a}\overset{0}{\alpha} \end{array}\right\} \overset{2}{A} \quad \left.\begin{array}{r} + (2n+1)\overset{0}{a}\overset{2}{\alpha} \\ + (n-m+1)\overset{1}{a}\overset{1}{\alpha} \\ - (2m-1)\overset{2}{a}\overset{0}{\alpha} \end{array}\right\} \overset{1}{A} \quad \left.\begin{array}{r} + 3n\overset{0}{a}\overset{3}{\alpha} \\ + (2n-m)\overset{1}{a}\overset{2}{\alpha} \\ + (n-2m)\overset{2}{a}\overset{1}{\alpha} \\ 3m\overset{3}{a}\overset{0}{\alpha} \end{array}\right\} \overset{0}{A} = 0$$

&c.

Ces équations ne déterminent point le premier coëfficient $\overset{0}{A}$, mais en faifant $x = 0$, on aura $\frac{\overset{0}{a}{}^m}{\overset{1}{\alpha}{}^n} = \overset{0}{A}$.

Cherchons le développement de notre fonction $\frac{F^m}{f^n} = P$ par le calcul différentiel on retombera fur une formule qui demande a développer les mêmes produits qu'ici, & j'ignore & je doute même qu'on a jufqu'ici donné de ce problème une folution élémentaire avec la même évidence & auffi expéditive que par ma méthode.

Ces exemples fuffifent pour rendre claire l'application heureufe qu'on peut faire de ma méthode de procédé, qui m'a fourni jufqu'ici les mêmes formes que le calcul différentiel. Paffons maintenant aux fonctions tranfcendantes.

§ 23.

B. *Des fonctions transcendantes d'une seule variable.*

1) *Fonction exponentielle.*

La plus fimple de toutes les fonctions transcendantes eft celle qu'on connoît fous le nom d'*exponentielle*, & qui eft repréfentée par

$$F = a^x = 1 + \overset{1.}{A}x + \overset{2}{A}x^2 + \overset{3}{A}x^3 + \ldots + \overset{r}{A}x^r + \ldots$$

La forme de la férie que nous fuppofons égale à la quantité exponentielle, eft fondée fur le raifonnement fuivant que le calcul différentiel exige auffi

$$a^x = [1 + (a-1)]^x = 1 + x \cdot (a-1) + \frac{x \cdot \overline{x-1} \cdot}{1. \quad 2.} (a-1)^2$$
$$+ \frac{x \cdot \overline{x-1} \cdot \overline{x-2} \cdot}{1. \quad 2. \quad 3} (a-1)^3 + \ldots \quad (\S \ 20.)$$

mais comme le produit de

$$x \, (x-1) \, (x-2) \, (x-3) \ldots [x - (r \quad 1)]$$

prend la forme

$$x^r - \alpha x^{r-1} + \beta x^{r-2} - \gamma x^{r-3} \ldots \pm \mu x$$

nous aurons, en effectuant les multiplications indiquées dans les coëfficiens, & ordonnant enfuite les termes fuivant les puiffances de x, pour le fecond terme

$$\left((a-1) - \frac{(a-1)^2}{2} + \frac{(a-1)^3}{3} - \frac{(a-1)^4}{4} + \ldots \right) x = \overset{1}{A} x$$

& fans chercher les autres termes on peut facilement voir qu'ils font tous de la forme $\overset{}{A}x^r$, ou le coëfficient A ne contient plus la variable x comme cela doit être, notre fuppofition a donc lieu. Ainfi nous aurons

$$F + \triangle F = a^{x + \triangle x}$$
$$\text{ou} \quad F + \frac{\mathfrak{D} F}{x} \triangle x + \mathfrak{P} \triangle x^2 = a^x \cdot a^{\triangle x} = a^x (1 + \overset{1}{A} \triangle x + \mathfrak{P} \triangle x^2)$$
$$= a^x + a^x \overset{1}{A} \triangle x + a^x \mathfrak{P} \triangle x^2$$

donc 1) $\dfrac{\Im F}{x} = a^x \overset{1}{A}$ ou $\dfrac{\Im a^x}{x} = a^x \overset{1}{A}$

résultat très-remarquable & important, c'est-à-dire

$$\overset{1}{A} + 2\overset{2}{A}x + 3\overset{3}{A}x^2 + 4\overset{4}{A}x^3 + \ldots + r\overset{r}{A}x^{r-1} + \ldots$$
$$= \overset{1}{A} + \overset{1}{A}{}^2 x + \overset{1}{A}\overset{2}{A}x^2 + \overset{1}{A}\overset{3}{A}x^3 + \ldots \overset{1}{A}\overset{r-1}{A}x^{r-1} + \ldots$$

de là nous en tirerons les équations suivantes (§ 8.)

$$\left.\begin{aligned}\overset{1}{A} &= \overset{1}{A}\\[4pt] 2\overset{2}{A} &= \overset{1}{A}{}^2\\[4pt] 3\overset{3}{A} &= \overset{1}{A}\cdot\overset{2}{A}\\[4pt] 4\overset{4}{A} &= \overset{1}{A}\cdot\overset{3}{A}\\[4pt] &\vdots\\[4pt] r\overset{r}{A} &= \overset{1}{A}\cdot\overset{r-1}{A}\end{aligned}\right\}\ \text{d'où on tire}\ \left\{\begin{aligned}\overset{1}{A} &= \frac{\overset{1}{A}}{1}\\[4pt] \overset{2}{A} &= \frac{\overset{1}{A}{}^2}{1.2}\\[4pt] \overset{3}{A} &= \frac{\overset{1}{A}{}^3}{1.2.3}\\[4pt] \overset{4}{A} &= \frac{\overset{1}{A}{}^4}{1.2.3.4}\\[4pt] &\vdots\\[4pt] \overset{r}{A} &= \frac{\overset{1}{A}{}^r}{1.2\ldots r}\end{aligned}\right.$$

& nous aurons

$$2)\ a^x = 1 + \frac{\overset{1}{A}}{1}x + \frac{\overset{1}{A}{}^2}{1.2}x^2 + \frac{\overset{1}{A}{}^3}{1.2.3}x^3 + \frac{\overset{1}{A}{}^4}{1.2.3.4}\cdot x^4 + \ldots$$
$$+ \frac{\overset{1}{A}{}^r}{1.2\ldots r}\cdot x^r + \ldots$$

Nous avons vu que

$$\overset{1}{A} = \frac{(a-1)}{1} - \frac{(a-1)^2}{2} + \frac{(a-1)^3}{3} - \frac{(a-1)^4}{4} + \ldots$$

ainsi $\overset{1}{A}$ est une quantité constante, puisqu'elle est fonction de la base a & de nombres.

Si dans le développement de a^x, on fait $x = 1$, on aura cette autre relation

$$3)\ a = 1 + \frac{\overset{1}{A}}{1} + \frac{\overset{1}{A}{}^2}{1.2} + \frac{\overset{1}{A}{}^3}{1.2.3} + \ldots$$

Si on met dans (No. 2) $x = \dfrac{1}{A}$ nous aurons

$$4) \quad a^{\frac{1}{A}} = 1 + 1 + \frac{1}{2} + \frac{1}{1 \cdot 2 \cdot 3} + \ldots$$
$$= 2, 71828\ 18284\ 59045 \ldots = e$$

on auroit eu le même réfultat en fuppofant dans No. 3 $\overset{1}{A} = 1$
on a donc les équations $a^{\frac{1}{A}} = e$ ou $a = e^{\frac{1}{A}}$

ainfi $a^x = e^{\frac{1}{A}x} = 1 + \frac{1}{A}x + \frac{\frac{1}{A^2}x^2}{1 \cdot 2} + \ldots$

Faifant ici $\overset{1}{A} = 1$, on aura

$$5) \quad e^x = 1 + x + \frac{x^2}{1 \cdot 2} + \frac{x^3}{1 \cdot 2 \cdot 3} + \ldots$$

Dans l'équation $F = a^x$, x eft le log. de F, a étant la bafe du fyftème logarithmique, de forte que cette équation donne pour la bafe a

$$6) \quad x = \log. F$$

De même l'équation $a^{\frac{1}{A}} = e$

donnera 7) $\dfrac{1}{A} = \log. e$; pour la bafe a

& l'équation $e^{\frac{1}{A}} = a$

donnera 8) $\overset{1}{A} = \log. a$ ou $\dfrac{1}{A} = \dfrac{1}{\log. a}$ pour la bafe e; on appelle $\dfrac{1}{\log. a}$ le *module* du fyftème dont la bafe eft a, les logarithmes du fyftème où la bafe eft e, & le *module* 1, s'appellent logarithmes *naturels* ou hyperboliques, parce qu'ils font repréfentés par les aires de l'hyperbole équilatérale entre fes afymtôtes.

Nous avons trouvé (No. 1)

$$\frac{\partial F}{\partial x} = a^x . \overset{1}{A}$$

c'eft-à-dire

$$9) \quad \frac{\partial a^x}{\partial x} = a^x . \overset{1}{A} \text{ ou } \partial a^x = x a^x . \overset{1}{A} = x a^x \log. \text{nat. } a \ (No.\ 8)$$

en fuppofant $\overset{1}{A} = 1$, nous aurons

$$10)\ \frac{\Im\, e^x}{x} = e^x\quad (\S\,23.\text{No.}5)$$

$$\text{ou } 11)\ \Im\, e^x = x \cdot e^x$$

$\left.\vphantom{\begin{matrix}a\\a\end{matrix}}\right\}$ réfultats très - remarquables & bien importans.

$$\S\ 24.$$

2) *Fonction Logarithmique.*

Développer la fonction $F = \log. (1 + x)$

Il faut d'abord favoir fi la fonction propofée peut prendre la forme fuivante

$$Ax + Bx^2 + Cx^3 + \ldots$$

Car on voit bien que tous les termes doivent être affectés de x, parce que pour $x = 0$ la fonction $F = \log. (1 + x)$, fe réduit à $F = \log. 1 = 0$; le raifonnement fuivant juftifiera la forme entière.

De l'équation $F = \log. (1 + x)$

on tire $a^F = 1 + x$, pour la bafe a

Suppofons $a^F = a^{Ax + Bx^2 + Cx^3 + \ldots} = a^{Ax} \cdot a^{Bx^2} \cdot a^{Cx^3} \ldots$ mais comme les facteurs a^{Ax}, a^{Bx^2}, a^{Cx^3} &c. font des féries de la forme $1 + \alpha x + \beta x^2 + \ldots$ leur produit fera de la même forme ($\S\,2$.) c'eft-à-dire on peut hardiment fuppofer

$$a^{Ax + Bx^2 + Cx^3 + \ldots} = 1 + \alpha x + \beta x^2 + \ldots$$

alors $Ax + Bx^2 + Cx^3 + \ldots = \log. (1 + \alpha x + \beta x^2 + \ldots)$

On ofe donc fuppofer

$$F = \log. (1 + x) = Ax + Bx^2 + Cx^3 + Dx^4 + \ldots$$

$$F + \Delta F = \log. (1 + x + \Delta x) = \log. \left[(1 + x) \left(1 + \frac{\Delta x}{1 + x} \right) \right]$$

$$= \log. (1 + x) + \log. \left(1 + \frac{\Delta x}{1 + x} \right)$$

ou $\quad F + \dfrac{\Im^F}{x} \Delta x + \mathfrak{P} \Delta x^2 = \log. (1 + x) + \dfrac{A\, \Delta x}{1 + x} + \mathfrak{Q} \Delta x^2$

ainfi $\dfrac{\Im^F}{x} = \dfrac{A}{1 + x}$, réfultat bien remarquable & important, ou $(1 + x) \cdot \frac{\partial F}{\partial x} - A = 0$

$(1 + x)(A + 2Bx + 3Cx^2 + \ldots) - A = 0$

on en tire

$$\left.\begin{array}{r} A - A = 0 \\ A + 2B = 0 \\ 2B + 3C = 0 \\ 3C + 4D = 0 \\ \&c. \end{array}\right\} \text{ce qui donne} \left\{\begin{array}{l} A = A \\ B = -\frac{1}{2}A \\ C = -\frac{2}{3}B = +\frac{1}{3}A \\ D = -\frac{3}{4}C = -\frac{1}{4}A \\ \&c. \end{array}\right.$$

donc

1) $\lg. (1+x) = Ax - \frac{Ax^2}{2} + \frac{Ax^3}{3} - \frac{Ax^4}{4} + \frac{Ax^5}{5} - \frac{Ax^6}{6} + \ldots$

ainsi $= A\left(x - \frac{x^2}{2} + \frac{x^3}{3} - \frac{x^4}{4} + \frac{x^5}{5} - \frac{x^6}{6} + \ldots - \frac{x^{2n}}{2n} + \frac{x^{2n+1}}{n+1} + \ldots\right)$

2) $\log. (1-x) = -A\left(x + \frac{x^2}{2} + \frac{x^3}{3} + \frac{x^4}{4} + \frac{x^5}{5} + \frac{x^6}{6} + \ldots\right.$
$\left. + \frac{x^{2n}}{2n} + \frac{x^{2n+1}}{n+1} + \ldots\right)$

3) $\log. (1+x) - \log. (1-x) = \log. \frac{1+x}{1-x}$
$= 2A\left(x + \frac{x^3}{3} + \frac{x^5}{5} + \frac{x^7}{7} + \ldots + \frac{x^{2n+1}}{n+1} + \ldots\right)$

Soit $\frac{1+x}{1-x} = a$; on aura $x = \frac{a-1}{a+1}$; fi a fignifie la bafe du fyftè-me logarithmique on aura

$\log. \frac{1+x}{1-x} = \log. a = 1 = 2A\left(\frac{a-1}{a+1} + \frac{(a-1)^3}{3(a+1)^3} + \ldots\right)$

donc 4) $A = \dfrac{1}{2\left(\frac{a-1}{a+1} + \frac{(a-1)^3}{3(a+1)^3} + \ldots\right)}$

pour $a = 10$ nous aurons

$A = 0{,}4342944819\ldots$ & $\frac{1}{A} = 2{,}30258509\ldots$

Nous avons eu $\frac{\partial F}{\partial x} = \frac{A}{1+x}$

d'où l'on tire

5) $\mathfrak{Z}F = \mathfrak{Z}\,\mathrm{lg.}\,(1 + x) = \dfrac{A \cdot x}{1 + x}$ formule bien à retenir.

Je ne peux m'empêcher de faire voir une autre route plus facile encore de parvenir a des résultats plus généraux que ceux du No. 5 & du § 23. No. 9.

Soit f une fonction algébrique de x, & suppofons qu'on a $F = a^f$
$= 1 + \overset{1}{A} f + \overset{2}{A} f^2 + \dots$ (§ 23), imaginons que x augmente de Δx, nous aurons d'après (§ 19.)

$$F + \frac{\mathfrak{Z}F}{x}\,\Delta x + \mathfrak{P}\Delta x^2 = a^f + \frac{\mathfrak{Z}f}{x}\,\Delta x + \mathfrak{Q}\Delta x^2$$

$$= a^f . a^{\frac{\mathfrak{Z}f}{x}\,\Delta x} . a^{\mathfrak{Q}\Delta x^2} = a^f + \overset{1}{A}a^f . \frac{\mathfrak{Z}f}{x}\,\Delta x + \mathfrak{P}'\Delta x^2$$

ainfi 6) $\mathfrak{Z}f = \mathfrak{Z}a^f = \overset{1}{A}a^f\,\mathfrak{Z}f = \mathrm{lgn.}\,a . a^f . \mathfrak{Z}f$ (§ 23.). Soit lg. $e = 1$, nous aurons 7) $\mathfrak{Z}e^f = e^f\,\mathfrak{Z}f$ (§ 23.), & fi f eft une variable abfolue x, nous aurons $\mathfrak{Z}a^x = a^x x\,\mathrm{lgn.}\,a$, & $\mathfrak{Z}e^x = e^x\mathfrak{Z}x = e^x x$, comme au (§ 23.)

Soit $F = \mathrm{lg.}\,f$; f étant une fonction algébrique de x, nous aurons pour la bafe a; $f = a^F$; donc $\mathfrak{Z}f = \mathrm{lgn.}\,a . a^F\mathfrak{Z}F$ (No. 6), ainfi 8) $\mathfrak{Z}F = \mathfrak{Z}\,\mathrm{lg.}\,f = \frac{\mathfrak{Z}f}{f} . \frac{1}{\mathrm{lgn.}\,a}$. Cette dernière formule ce trouve auffi indépendamment de la formule (No. 6), comme il fuit.

Ayant $F = \mathrm{log.}\,f$ on aura auffi $F + \dfrac{\mathfrak{Z}F}{x}\,\Delta x + \mathfrak{P}\Delta x^2$

$$= \mathrm{lg.}\left(f + \frac{\mathfrak{Z}f}{x}\,\Delta x + \mathfrak{Q}\Delta x^2\right) \;(\S\ 19.)$$

$$= \mathrm{lg.}\,f + \mathrm{lg.}\left(1 + \frac{\mathfrak{Z}f}{xf}\,\Delta x + \mathfrak{Q}'\Delta x^2\right)$$

$$= \mathrm{lg.}\,f + A . \frac{\mathfrak{Z}f}{xf}\,\Delta x + \mathfrak{Q}''\Delta x^2$$

donc $\mathfrak{Z}F = \mathfrak{Z}\,\mathrm{lg.}\,f = \dfrac{\mathfrak{Z}f}{f} . A = \dfrac{\mathfrak{Z}f}{f} . \dfrac{1}{\mathrm{lgn.}\,a}$ (§ 23.)

$f = 1 + x$, donne $\mathfrak{Z}\,\mathrm{lg.}\,(1 + x) = \dfrac{x}{1 + x} . \dfrac{1}{\mathrm{lgn.}\,a}$.

Dans ces dernières folutions il y a déjà au moins plus que dans la première folution une efpèce de calcul, qui dérive de l'Algorithme introduit, & on peut par là très-bien deviner comment je m'y prendrai à
l'avenir lorsque j'aurai l'honneur de parler du calcul en queftion. Jusqu'ici je ne fais à proprement dire que de tracer le chemin qui m'a
conduit à mon invention.

§ 25.

Nous avons fait voir (§ 24.) qu'à un nombre de la forme $1 + \alpha x$
$+ \beta x^2 + \ldots$ il fe trouve un logarithme fous la forme $A x + B x^2$
$+ C x^3 + \ldots$; *et vice verfa.*

Soit $x = \lg. y$, on pourra fuppofer
$$y = 1 + a x + b x^2 + c x^3 + \ldots$$
c'eft-à-dire y une fonction de la variable x, alors
$$y + \Delta y = Y + \frac{\mathfrak{D}y}{x} \Delta x + \mathfrak{P} \Delta x^2 \quad (\S 19.)$$
donc 1) $\Delta y = \frac{\mathfrak{D}y}{x} \Delta x + \mathfrak{P} \Delta x^2$

De l'équation donnée $x = \lg. y$

on a $x + \Delta x = \lg.(y + \Delta y) = \lg. y + \lg. \left(1 + \frac{\Delta y}{y} \right)$

ou 2) $\Delta x = A \frac{\Delta y}{y} + \mathfrak{P}' \Delta y^2 \quad (\S 24. \text{No. } 1)$

Mettez dans l'équation (No. 2) la valeur de Δy trouvée dans No. 1
on aura
$$\Delta x = \frac{A}{y} \cdot \frac{\mathfrak{D}y}{x} \cdot \Delta x + \mathfrak{D} \Delta x^2$$

donc $1 = \frac{A}{y} \cdot \frac{\mathfrak{D}y}{x} \quad (\S 8.)$

ou 3) $y = A \cdot \frac{\mathfrak{D}y}{x}$ réfultat très-important

en exécutant ce que nous prefcrit la formule (No. 3), nous aurons
$$1 + a x + b x^2 + c x^3 + \ldots = A a + 2 A b x + 3 A c x^2 + \ldots$$

cc

ce qui donne les équations suivantes

$$\left.\begin{array}{r} A\,a = 1 \\ 2\,b\,A = a \\ 3\,A\,c = b \\ \vdots \\ (r+1)\,q\,A = p \end{array}\right\}\ \text{d'où on tire}\ \left\{\begin{array}{l} a = \dfrac{1}{A} \\ b = \dfrac{1}{2.\,A^2} \\ c = \dfrac{1}{2.\,3.\,A^3} \\ \vdots \\ q = p.\dfrac{1}{(r+1)\,A} \end{array}\right.$$

Nous aurons donc

$$4)\ y = 1 + \frac{x}{A} + \frac{x^2}{1.2.A^2} + \frac{x^3}{1.2.3\,A^3} + \ldots + \frac{x^{r+1}}{1.2.3.\ldots(r+1).A^{r+1}} + \ldots$$

ou

$$y = 1 + \frac{\lg. y}{A} + \frac{(\lg. y)^2}{2.A^2} + \frac{(\lg. y)^3}{2.3.A^3} + \ldots$$

Soit a la base du système & $y = a$, nous aurons

$$5)\ a = 1 + \frac{1}{A} + \frac{1}{2.A^2} + \frac{1}{2.3\,A^3} + \ldots$$

Comparant cette dernière formule à celle dans ($\S$ 23. No. 3), on y conclura que

$$A = \frac{1}{A} = \lg. \text{nat.}\, a\ \text{ou}\ A = \frac{1}{A} = \frac{1}{\lg.\text{nat.}\,a}\quad (\S\,23.\,\text{No. }8)$$

Pour les log. naturels on fait que le module $\dfrac{1}{A} = \dfrac{1}{\lg.\text{nat.}\,a} = A = 1$

& pour un tel système on aura les formules suivantes

$$6)\ \lg.(1+x) = x - \frac{x^2}{2} + \frac{x^3}{3} - \frac{x^4}{4} + \ldots \pm \frac{x^n}{n} \mp \ldots$$

$$7)\ \lg.(1-x) = -\left(x + \frac{x^2}{2} + \frac{x^3}{3} + \frac{x^4}{4} + \ldots + \frac{x^n}{n} + \ldots\right)$$

$$8)\ \lg.\left(\frac{1+x}{1-x}\right) = 2\left[x + \frac{x^3}{3} + \frac{x^5}{5} + \frac{x^7}{7} + \ldots + \frac{x^{2n+1}}{2n+1} + \ldots\right]$$

$$9)\ y = 1 + \lg. y + \frac{(\lg. y)^2}{2} + \frac{(\lg. y)^3}{2.3} + \ldots + \frac{(\lg. y)^r}{2.3.\ldots r} + \ldots$$

Le résultat que nous avons obtenu (No. 3), se tire avec plus de commodité de la formule ($\S$ 24. No. 6) car ayant $x = \lg. y$ on a d'abord

E

$x = \frac{\Im y}{y} \cdot \frac{1}{\lg. \text{nat. } a}$ d'où fuit immédiatement 10) $y = \frac{\Im y}{x} \cdot \frac{1}{\lg. \text{nat. } a}$ eft c'eft la formule en queftion. On voit de nouveau comment on peut abréger le raifonnement en tirant avec attention parti de l'Algorithme introduit.

§ 26.

Il y avoit un temps où je m'occupois beaucoup à calculer des logarithmes & d'autres tables utiles dont quelques-unes ont été rendues publiques. Je fus affez heureux pour trouver quelques formules qui abrègent beaucoup le calcul & que je crois neuves; je ne veux néanmoins difputer l'invention à perfonne, je me contente du plaifir de les avoir trouvées moi-même il y a dix ans paffés. Pour refter dans les limites qui me font prefcrites par le fujet que je dois traiter dans mon mémoire, je ne donnerai que trois formules nouvelles. Mettant $\frac{1 + Z}{1 - Z}$ $= \frac{n}{m}$ nous aurons $Z = \frac{n - m}{n + m}$ & on obtient la formule fuivante

$$1) \ \lg. \left(\frac{n}{m}\right) = 2\left[\frac{n - m}{n + m} + \frac{1}{3}\left(\frac{n - m}{n + m}\right)^3 + \frac{1}{5}\left(\frac{n - m}{n + m}\right)^5 + \cdots\right]$$

$$(\S \ 25. \ \text{No. } 8)$$

Suppofons

$$n = x^2 (x + 5) (x - 5)$$
$$m = (x^2 - 9)(x^2 - 16) = (x + 3)(x - 3)(x + 4)(x - 4)$$

La fubftitution donnera

$$2 \lg n. \ x + \lg n. \ (x + 5) + \lg n. \ (x - 5) - [\lg n. \ (x + 3)$$
$$+ \lg n. \ (x - 3) + \lg n. \ (x + 4) + \lg n. \ (x - 4)] =$$
$$- 2\left[\frac{72}{x^4 - 25 x^2 + 72} + \frac{1}{3}\left(\frac{72}{x^4 - 25 x^2 + 72}\right)^3 + \cdots\right]$$

de là on tire

$$2) \ \lg n. \ (x + 5) = \lg n. \ (x + 3) + \lg n. \ (x - 3) + \lg n. \ (x + 4)$$
$$+ \lg n. \ (x - 4) - \lg n. \ (x - 5) - 2 \lg n. \ x$$
$$- 2\left[\frac{72}{x^4 - 25 x^2 + 72} + \frac{1}{3}\left(\frac{72}{x^4 - 25 x^2 + 72}\right)^3 + \cdots\right]$$

Pour avoir les logarithmes d'un fyftême quelconque on n'a qu'à multi-plier la férie $2\left[\dfrac{72}{x^4 - 25\,x^2 + 72} + \ldots\right]$ avec le module du fyftême, obfervant que tous les autres logarithmes dont on aura befoin font pris du même fyftême. Cette formule abrège beaucoup le calcul, car elle donne par fon premier terme, les logarithmes des nombres au-deffus de 1000 avec 10 décimales exactes, lorfqu'on a d'ailleurs ceux des nombres précédens avec la même approximation. Ayant des tables qui contiennent les logarithmes de 1004 nombres premiers avec 30 déci-males; il fuffiroit du premier terme de cette férie pour obtenir ceux des nombres fuivans avec la même approximation. Par exemple le log. de 1005 du fyftême de *Briggs* fe trouve

$$\lg. 1005 = \lg. 1003 + \lg. 997 + \lg. 1004 + \lg. 996 - \lg. 995 - 6$$
$$-\frac{2}{\lg. 10}\left[\frac{72}{1000^4 - 25.\,1000^2 + 72} + \frac{1}{3}\left(\frac{72}{1000^4 - 25.\,1000^2 + 72}\right)^3 + \cdots\right]$$

On trouve

$$\frac{2}{\lg. 10}\left[\frac{72}{1000^4 - 25.\,1000^2 + 72} + \frac{1}{3}\left(\frac{72}{1000^4 - 25.\,1000^2 + 72}\right)^3 + \cdots\right]$$
$$= 0,000\,000\,000\,062\ldots + 0,000\,000\,000\,000\,000\,000\,000\,000\,000\,000\,12\ldots$$

Donc le premier terme de la férie n'ajoute pas une unité décimale du dixième ordre, & le fecond terme pas une unité décimale du 30me ordre, & il eft vifible que pour x plus grand que 1000, la férie doit encore être plus convergente.

Donc la formule fuivante donne les logarithmes du fyftême vulgaire des nombres premiers au deffus de 1000, exacte jufqu'à trente déci-males avec une rapidité étonnante.

$$\lg.(x+5) = \lg.(x+3) + \lg.(x-3) + \lg.(x+4) + \lg.(x-4)$$
$$-\left[\lg.(x-5) + 2\lg. x + \frac{62,538\,405\,394\,068\,263\,181\,762\,564\,323\,991\,120}{x^4 - 25\,x^2 + 72}\right]$$

Une autre formule s'eft trouvée de la manière fuivante.

Soit $x = \dfrac{2}{n(n^2 - 3)}$; donc $x + 1 = \dfrac{(n-1)^2\,(n+2)}{n(n^2 - 3)}$ & $x - 1 = \dfrac{(n+1)^2\cdot(n-2)}{n(n^2 - 3)}$

ainſi d'après les formules connues pour lg. $(x + 1)$ & lg. $(x - 1)$

$$3)\ \lgn. \left(\frac{x+1}{x-1}\right) = \lgn. \frac{(n-1)^2\,(n+2)}{(n+1)^2\,(n-2)} = 2\left[\frac{2}{n^3 - 3n} + \frac{1}{3}\left(\frac{2}{n^3 - 3n}\right)^3 + \frac{1}{5}\left(\frac{2}{n^3 - 3n}\right)^5 + \cdots\right]$$

donc $\lgn. (n+2) = \lgn. (n-2) + 2\,\lgn. (n+1) - 2\,\lgn. (n-1)$

$$+ 2\left[\frac{2}{n^3 - 3n} + \frac{1}{3}\left(\frac{2}{n^3 - 3n}\right)^3 + \frac{1}{5}\left(\frac{2}{n^3 - 3n}\right)^5 + \cdots\right]$$

Donnant à n les trois valeurs 3, 4 & 7; & combinant les trois équations qui en réſultent, on en tirera les log. des nombres premiers 2, 3 & 5, & de la même manière les log. des autres nombres premiers. Mais je me ſervirai de la formule trouvée de la façon ſuivante.

Par ($\S$ 25. No. 8) je trouve par des artifices faciles

$$4)\ \lgn.\ 10 = 2 + 2\left[\begin{array}{l}\dfrac{1}{9} + \dfrac{1}{3\cdot 9^3} + \dfrac{1}{5\cdot 9^5} + \dfrac{1}{7\cdot 9^7} + \cdots \\[2mm] + \dfrac{1}{3\cdot 9} + \dfrac{1}{5\cdot 9^2} + \dfrac{1}{7\cdot 9^3} + \dfrac{1}{9\cdot 9^4} + \cdots\end{array}\right]$$

Les puiſſances de $\frac{1}{9}$ ne ſe forment pas ſeulement avec la plus grande facilité, mais elles ſe vérifient auſſi ſans peine, vu que $\frac{1}{9^n} + \frac{1}{9^{n+1}}$ $= \frac{10}{9^{n+1}}$, c'eſt-à-dire la ſomme de deux puiſſances conſécutives quelconques, eſt égale à dix fois la plus élevée de ces deux puiſſances.

Préſentement je cherche par les formules

$$\lg. (x+1) = \lg. x + \frac{1}{\lgn.\ 10}\cdot\left[\frac{1}{x} - \frac{1}{2x^2} + \frac{1}{3x^3} - \frac{1}{4x^4} + \cdots\right]$$

$$\&\quad \lg. (x-1) = \lg. x - \frac{1}{\lgn.\ 10}\cdot\left[\frac{1}{x} + \frac{1}{2x^2} + \frac{1}{3x^3} + \frac{1}{4x^4} + \cdots\right]$$

en ſuppoſant ſucceſſivement x égal à 10, 100, 1000, 10000, &c. les log. de 9, 11, 99, 101, 999, 1001, 9999, 10001, &c. On verra d'abord que tous les chiffres ſignificatifs ſont les mêmes dans tous ces log. & ainſi il ne coûtera que la peine de les écrire. De ces premiers log. je déduis ſans peine ceux de leurs multiples & ceux de leurs rapports mutuels. Maintenant on fait uſage de la formule No. 3,

en obſervant qu'on reçoit des expreſſions plus convergentes, en ne cherchant pas directement le log. du nombre propoſé, mais celui d'un de
ſes multiples ou de quelqu'une de ſes puiſſances.

Mais quelque convergentes que ſoient ces formules, le travail pour
la conſtruction d'une table entière, ſera beaucoup plus facile par l'uſage
des différences de pluſieurs ordres.

§ 27.

C. *Des fonctions circulaires.*

Quelle que ſoit l'expreſſion de ſin x en ſérie de l'arc x, elle ne peut
être que de la forme $Ax + Bx^2 + Cx^3 + \ldots$; car, puisque le
ſinus devient nul lorsque l'arc x eſt nul, il eſt viſible que cette expreſſion ne doit contenir aucun terme ſans x.   Soit donc

$$1)\ \ \text{ſin } x = \overset{1}{A}x + \overset{2}{A}x^2 + \overset{3}{A}x^3 + \overset{4}{A}x^4 + \ldots$$
$$\overset{2n}{A}x^{2n} + \overset{2n+1}{A}x^{2n+1} + \overset{2n+2}{A}x^{2n+2} + \ldots = F$$

on aura auſſi

$$2)\ \ \text{ſin } \Delta x = \overset{1}{A}\Delta x + \overset{2}{A}\Delta x^2 + \ldots$$

donc $$3)\ \ \text{ſin}^2 \Delta x = \overset{1}{A^2}\Delta x^2 + \mathfrak{P}\Delta x^3;$$
& comme $\text{coſ } \Delta x = V(1 - \text{ſin}^2 \Delta x)$
on aura $$4)\ \ \text{coſ } \Delta x = 1 + \mathfrak{P}'\Delta x^2$$
La trigonométrie nous donne

$$F + \Delta F = \text{ſin}(x + \Delta x) = \text{ſin} x \cdot \text{coſ} \Delta x + \text{coſ} x \cdot \text{ſin} \Delta x$$

Subſtituant au lieu de coſ Δx & ſin Δx les ſéries de (No. 2 & 4)
nous aurons

$$F + \frac{\mathfrak{D} F}{x} \Delta x + \mathfrak{Q}\Delta x^2 = \text{ſin } x + \overset{1}{A} \cdot \text{coſ } x \cdot \Delta x + \mathfrak{Q}'\Delta x^2$$

donc $$5)\ \ \frac{\mathfrak{D} F}{x} = \frac{\mathfrak{D}\, \text{ſin } x}{x} = \overset{1}{A}\ \text{coſ } x,$$ réſultat fort remarquable.
Soit $f = \text{coſ } x$ nous aurons encore par la trigonométrie

$$f + \Delta f = \text{coſ}(x + \Delta x) = \text{coſ} x \cdot \text{coſ} \Delta x - \text{ſin} x \cdot \text{ſin} \Delta x'$$

Après avoir substitué pour $\cos \Delta x$ & $\sin \Delta x$ les séries de (No. 2 & 4) nous aurons

$$f + \frac{\mathfrak{D}f}{x}\Delta x + \mathfrak{D}''\Delta x^2 = \cos x - \overset{1}{A}.\sin x.\Delta x + \mathfrak{D}'''\Delta x^2$$

donc   6) $\dfrac{\mathfrak{D}f}{x} = \dfrac{\mathfrak{D}\cos x}{x} = -\overset{1}{A}.\sin x$ résultat aussi important que celui du No. 5.

de là   7) $\overset{1}{A}.\dfrac{\mathfrak{D}\cos x}{x} = \dfrac{\mathfrak{D}.\overset{1}{A}\cos x}{x} = -\overset{1}{A}{}^2\sin x$

L'équation No. 5 nous donne

$$\overset{1}{A}\cos x = \frac{\mathfrak{D}\sin x}{x} = \overset{1}{A}x^0 + 2\overset{2}{A}x + 3\overset{3}{A}x^2 + \ldots$$
$$2n\overset{2n}{A}x^{2n-1} + (2n+1)\overset{2n+1}{A}x^{2n}$$

donc l'équation (7), nous donnera $\dfrac{\mathfrak{D}.\overset{1}{A}\cos x}{x} = -\overset{1}{A}{}^2\sin x$

8) $2\overset{2}{A} + 2.3\overset{3}{A}x + \ldots (2n-1)2n\overset{2n}{A}x^{2n-2} + 2n(2n+1)\overset{2n+1}{A}x^{2n-1}$
$$+ (2n+1)(2n+2)\overset{2n+2}{A}x^{2n} + (2n+2)(2n+3)\overset{2n+3}{A}x^{2n+1} + \ldots$$
$$= -\overset{1}{A}{}^1 x - \overset{1}{A}{}^2 x.\overset{2}{A}x^2 - \overset{1}{A}{}^2.\overset{3}{A}x^3 - \overset{1}{A}{}^2.\overset{4}{A}x^4 \ldots - \overset{1}{A}{}^2.\overset{2n-2}{A}x^{2n-2}$$
$$- \overset{1}{A}{}^2.\overset{2n-1}{A}x^{2n-1} - \overset{1}{A}{}^2.\overset{2n}{A}x^{2n} - \overset{1}{A}{}^2.\overset{2n+1}{A}x^{2n+1} + \ldots$$

9) De là nous aurons

$$\left.\begin{aligned}
2\overset{2}{A} &= 0\\
&\;\vdots\\
(2n-1)2n\,\overset{2n}{A} &= -\overset{1}{A}{}^2.\overset{2n-2}{A}\\
2n(2n+1)\,\overset{2n+1}{A} &= -\overset{1}{A}{}^2.\overset{2n-1}{A}\\
(2n+1)(2n+2)\,\overset{2n+2}{A} &= -\overset{1}{A}{}^2.\overset{2n}{A}\\
(2n+2)(2n+3)\,\overset{2n+3}{A} &= -\overset{1}{A}{}^2.\overset{2n+1}{A}
\end{aligned}\right\}
\text{d'où nous tirons}
\left\{\begin{aligned}
\overset{2}{A} &= 0\\
&\;\vdots\\
\overset{2n}{A} &= -\frac{\overset{1}{A}{}^2.\overset{2n-2}{A}}{(2n-1).2n}\\
\overset{2n+1}{A} &= -\frac{\overset{1}{A}{}^2.\overset{2n-3}{A}}{2n(2n+1)}\\
\overset{2n+2}{A} &= -\frac{\overset{1}{A}{}^2.\overset{2n}{A}}{(2n+1)(2n+2)}\\
\overset{2n+3}{A} &= -\frac{\overset{1}{A}{}^2.\overset{2n+1}{A}}{(2n+2)(2n+3)}
\end{aligned}\right.$$

Les expressions trouvées pour $\overset{2n}{A}$, $\overset{2n+2}{A}$, nous font voir clairement que si $\overset{2n}{A}$ est égal à zéro, $\overset{2n+1}{A}$ doit alors aussi être égal à zéro; il est donc visible, que le coëfficient $\overset{2n+2}{A}$ de chaque puissance paire x^{2n+2} dans No. 1 doit nécessairement être égal à zéro, si le coëfficient $\overset{2n}{A}$ de la puissance paire x^{2n} qui précède immédiatement dans No. 1 étoit égal à zéro: ainsi, ayant aux séries (No. 1 & 8) $\overset{2}{A} = 0$ (No. 9), qui est le coëfficient du moindre degré pair dans No. 1, il suit du précédent que tous les coëfficiens des puissances paires x^2, x^4 ... x^{2n}, x^{2n+2}, dans No. 1 sont zéro, & comme ces mêmes coëfficiens appartiennent dans No. 8 aux puissances impaires x, x^3, x^5 .... ces termes sont aussi nécessairement zéro, & nous aurons

$$10) \quad -\overset{1}{A}{}^2 \sin x = -\overset{1}{A}{}^3 x - \overset{1}{A}{}^2 . \overset{3}{A} x^3 - \overset{1}{A}{}^2 . \overset{5}{A} x^5 - \overset{1}{A}{}^2 . \overset{2n+1}{A} . x^{2n+1} - \overset{1}{A}{}^2 \overset{2n+3}{A} x^{2n+3} + \dots$$
$$\text{(No. 8).}$$

$$= 2 . 3 \overset{3}{A} x + 4 . 5 . \overset{5}{A} x^3 + (2n + 2)(2n + 3) \overset{2n+3}{A} x^{2n+1} + \dots$$

$$11) \quad \overset{1}{A} \cos x = \overset{1}{A} + 3 \overset{3}{A} x^2 + 5 \overset{5}{A} x^4 + \dots$$

$$(2n + 1) \overset{2n+1}{A} x^{2n} + (2n + 3) \overset{2n+3}{A} x^{2n+2} + \dots ; \quad \text{(No. 7)}$$

De No. 10 nous tirons comme au No. 9

$$\overset{3}{A} = \frac{-\overset{1}{A}{}^3}{1 . 2 . 3}; \quad \overset{5}{A} = \frac{-\overset{1}{A}{}^2 . \overset{3}{A}}{4 . 5}; \dots$$

$$\overset{2n+1}{A} = \frac{-\overset{1}{A}{}^2 . \overset{2n-1}{A}}{2n(2n + 1)}; \quad \overset{2n+3}{A} = \frac{-\overset{1}{A}{}^2 . \overset{2n+1}{A}}{(2n + 2)(2n + 3)} \quad \&c.$$

substituant ces valeurs dans No. 10 & 11 & divisant l'une par $-\overset{1}{A}{}^2$ & l'autre série par $\overset{1}{A}$ nous aurons

$$12) \quad \sin x = \overset{1}{A} x - \frac{\overset{1}{A}{}^3}{1 . 2 . 3} . x^3 + \frac{\overset{1}{A}{}^5}{1 . 2 \dots 5} x^5 - \frac{\overset{1}{A}{}^7}{1 . 2 \dots 7} x^7 + \dots$$

$$\pm \frac{\overset{1}{A}{}^{2n+1}}{1 . 2 \dots (2n + 1)} . x^{2n+1} \mp \frac{\overset{1}{A}{}^{2n+3}}{1 . 2 \dots (2n + 3)} x^{2n+3} \pm \dots$$

$$13)\ \mathrm{cof}\,x = 1 - \frac{\overset{1}{A}{}^{2}}{1.2}\,x^{2} + \frac{\overset{1}{A}{}^{4}}{1.2.3.4}\,x^{4} - \frac{\overset{1}{A}{}^{6}}{1.2\ldots 6}\,x^{6} + \ldots$$

$$\pm \frac{\overset{1}{A}{}^{2n}}{1.2\ldots 2n}\cdot x^{2n} \mp \frac{\overset{1}{A}{}^{2n+2}}{1.2\ldots(2n+2)}\cdot x^{2n+2} \pm \ldots$$

Si ces féries (No. 1 2, 1 3) doivent s'appliquer au cercle, il faut néceſ-fairement que $\overset{1}{A} = 1$, ce que nous prouverons de la manière fuivante.

Selon Archimède la corde eſt plus petite que ſon arc & la tangente plus grande que ſon arc; donc

fin $x < x$ & en même temps tg. $x > x$, ou
fin $x < x$ & en même temps

$$\frac{\mathrm{fin}\,x}{V(1 - \mathrm{fin}^{2}x)} > x \ \text{ou fin}\ x > x\,V(1 - \mathrm{fin}^{2}x)$$

$$\text{donc fin}^{2}x > x^{2} - x^{2}\,\mathrm{fin}^{2}x$$

$$\text{ainfi fin}^{2}x\,(1 + x^{2}) > x^{2}$$

$$\text{fin}\,x > \frac{x}{V(1 + x^{2})}\ \&\ \text{en même temps fin}\,x < x.$$

Subſtituant ici les féries pour fin x & diviſant par x (No. 1 2),

$$\overset{1}{A} - \frac{\overset{1}{A}{}^{3}}{1.2.3}\,x^{2} + \ldots > \frac{1}{V(1 + x^{2})}\ \&\ \text{en même temps}\ < 1$$

ou

$$\overset{1}{A} - \frac{\overset{1}{A}{}^{3}}{1.2.3}\,x^{2} + \ldots \pm \frac{\overset{1}{A}{}^{2n+1}}{1.2\ldots(2n+1)}x^{2n} + \frac{\overset{1}{A}{}^{2n+3}}{1.2\ldots(2n+1)(2n+3)}x^{2n+2} + \ldots$$

$$> 1 - \frac{1}{2}x^{2} + \frac{1.3}{2.4}x^{4} - \frac{1.3.5}{2.4.6}x^{6}\ldots \pm \frac{1.3.5\ldots(2n-1)}{2.4.6\ldots 2n}x^{2n}$$

$$\mp \frac{1.3.5\ldots(2n+1)}{2.4.6\ldots(2n+2)}x^{2n+2} \pm \ldots\ \&\ \text{en même temps}\ < 1$$

Le rapport des deux termes fucceſſifs & généraux de la première férie eſt $\dfrac{\overset{1}{A}{}^{2}x^{2}}{(2n+2)(2n+3)}$, une quantité qui diminue à meſure qu'on prend les termes plus éloignés du premier, dans la feconde férie les deux termes fucceſſifs & généraux donnent le rapport $\dfrac{2n+1}{2n+2}x^{2} < x^{2}$. On voit

donc

donc qu'il fera toujours poſſible de donner à x une valeur, telle que les dites ſéries deviennent auſſi convergentes que l'on voudra ($\S$ 12.), donc $A = 1$ ($\S$ 15.), & nous aurons

$$14)\ \text{ſin } x = x - \frac{x^3}{1.2.3} + \frac{x^5}{1.2.3.4.5} - \frac{x^7}{1.2....7} + \ldots$$

$$15)\ \text{coſ } x = 1 - \frac{x^2}{1.2} + \frac{x^4}{1.2.3.4} - \frac{x^6}{1.2....6} + \ldots$$

Comme A eſt égal à l'unité les formules remarquables de No. 5 & 6 deviendront

$$16)\ \mathfrak{D} \text{ ſin } x = x \text{ coſ } x$$

$$17)\ \mathfrak{D} \text{ coſ } x = - x \text{ ſin } x.$$

La voie par laquelle j'ai trouvé les ſéries pour ſin x eſt ſûrement la plus courte que l'algèbre élémentaire puiſſe fournir, mais nous verrons dans la ſuite par mon nouveau calcul des méthodes plus expédientes.

$\S$ 28.

Nous avons trouvé ($\S$ 23. No. 5)

$$e^{+x} = 1 + x + \frac{x^2}{1.2} + \frac{x^3}{1.2.3} + \ldots$$

ainſi $\quad e^{-x} = 1 - x + \frac{x^2}{1.2} - \frac{x^3}{1.2.3} + \ldots$

donc 1) $e^x + e^{-x} = 2\left(x + \frac{x^3}{1.2.3} + \frac{x^5}{1.2....5} + \ldots \right)$

de là nous aurons

$$2)\ \frac{e^{x\sqrt{-1}} + e^{-x\sqrt{-1}}}{2} = 1 - \frac{x^2}{1.2.} + \frac{x^4}{1...4} - \frac{x^6}{1...6} + \ldots = \text{coſ } x$$

$$\&\quad 3)\ \frac{e^{x\sqrt{-1}} - e^{-x\sqrt{-1}}}{2\sqrt{-1}} = x - \frac{x^3}{1.2.3} + \frac{x^5}{1...5} - \frac{x^7}{1...7} + \ldots = \text{ſin } x$$

de là

$$4)\ e^{x\sqrt{-1}} = \text{coſ } x + \sqrt{-1} . \text{ſin } x$$

$$5)\ e^{-x\sqrt{-1}} = \text{coſ } x - \sqrt{-1} . \text{ſin } x$$

$$6)\ x\sqrt{-1} = \lg. (\text{coſ } x + \sqrt{-1} . \text{ſin } x)$$

$$7)\ - x\sqrt{-1} = \lg. (\text{coſ } x - \sqrt{-1} . \text{ſin } x)$$

F

8) $2x\sqrt{-1} = \lg.\left(\frac{\cos x + \sqrt{-1}.\sin x}{\cos x - \sqrt{-1}.\sin x}\right) = \lg.\left(\frac{1 + \sqrt{-1}.\mathrm{tg}.x}{1 - \sqrt{-1}.\mathrm{tg}.x}\right)$

donc on aura d'après § 25. No. 8.

9) $2x\sqrt{-1} = 2\left(\sqrt{-1}\,\mathrm{tg}.x - \frac{\sqrt{-1}.\mathrm{tg}.x^3}{3} + \frac{\sqrt{-1}.\mathrm{tg}.x^5}{5} - ..\right)$

ou   10) $x = \mathrm{tg}.x - \frac{\mathrm{tg}.x^3}{3} + \frac{\mathrm{tg}.x^5}{5} - \frac{\mathrm{tg}.x^7}{7} + ...$

Il n'appartient pas à mon but d'augmenter ici les recherches de cette nature, qui font d'ailleurs fi attirantes & féduifantes, que j'ai en vérité de la peine à y réfifter. Je donnerai encore la folution de quelques propofitions qui fe traitent difficilement par l'algèbre ordinaire.

§ 29.

Trouver le logarithme de $f = \overset{0}{a} + \overset{1}{a}x + \overset{2}{a}x^2 + ...$
Il eft clair par No. 23, qu'on peut fuppofer

$$\lg. f = \overset{0}{A} + \overset{1}{A}x + \overset{2}{A}x^2 + ... = F;$$

que x fe change en $x + \Delta x$, on aura

$$\lg.(f + \Delta f) = F + \Delta F$$

$$\lg. f + \lg.\left(1 + \frac{\Delta f}{f}\right) = F + \Delta F$$

donc $\lg.\left(1 + \frac{\Delta f}{f}\right) = \Delta F$

$$\frac{\Delta f}{f} - \mathfrak{P}\Delta f^2 = \Delta F \quad (\S\,25.\,No.\,6)$$

$$\frac{\mathfrak{D}f}{fx}\Delta x + \mathfrak{P}'\Delta x^2 = \frac{\mathfrak{D}F}{x}\Delta x + \mathfrak{P}''\Delta x^2 \quad (\S\,19.)$$

donc $\frac{\mathfrak{D}f}{fx} = \frac{\mathfrak{D}F}{x}$ ou $\frac{\mathfrak{D}f}{x} = f.\frac{\mathfrak{D}F}{x}$

c'eft-à-dire

$$\overset{1}{a} + 2\overset{2}{a}x + 3\overset{3}{a}x^2 + 4\overset{4}{a}x^3 + ... n\overset{u}{a}x^{n-1} + (n+1)\overset{n+1}{a}x^n + ...$$
$$= [\overset{0}{a} + \overset{1}{a}x + \overset{2}{a}x^2 + ... \overset{n}{a}x^n + ...][\overset{1}{A} + 2\overset{2}{A}x + 3\overset{3}{A}x^2 + ..(n+1)\overset{n+1}{A}x^n + ..]$$

de là on tire facilement la relation générale

$$(n+1)\overset{n+1}{a} = [a(n+1)\overset{0}{A} + \overset{n+1}{a}.n\overset{1}{A} + \overset{n}{a}(n-1)\overset{2}{A} + \overset{n-1}{a}(n-2)\overset{3}{A} + ...$$
$$+ \overset{n-2}{a}.3\overset{n-1}{A} + \overset{3}{a}.2\overset{n}{A} + \overset{2}{a}.\overset{1}{A}]$$

qui nous donne tout de suite

$$\overset{n+1}{A} = \frac{\overset{n+1}{a} - [a \cdot n\overset{1}{A} + a(n-1)\overset{2}{A} + a(n-2)\overset{3}{A} + \ldots + \overset{n}{a} \cdot \overset{1}{A}]}{\overset{0}{a}(n+1)}$$

Donnant à n fucceffivement les valeurs o, 1, 2, 3 . . . nous rece-
vrons les relations particulières

$$\overset{1}{A} = \frac{\overset{1}{a}}{\overset{0}{a}}$$

$$\overset{2}{A} = \frac{\overset{2}{a} - \overset{1}{a}\overset{1}{A}}{\overset{0}{2a}}$$

$$\overset{3}{A} = \frac{\overset{3}{a} - (\overset{1}{2a}\overset{2}{A} + \overset{2}{a}\overset{1}{A})}{\overset{0}{3a}}$$

$$\overset{4}{A} = \frac{\overset{4}{a} - (\overset{1}{3a}\overset{3}{A} + \overset{2}{2a}\overset{2}{A} + \overset{3}{a}\overset{1}{A})}{\overset{0}{4a}} \quad \&c.$$

& comme la fonction donnée lg. $f = \overset{0}{A} + \overset{1}{A}x + \ldots$ doit être
vraie pour toutes les valeurs poffibles de x, nous trouvons pour $x = 0$;
lg. $\overset{0}{a} = \overset{0}{A}$, ainfi tous les coëfficiens fe trouvent en termes *recurrens*, c'eft-à-dire, par des formules dans lesquelles entrent les coëfficiens précédens; & la méthode des coëfficiens indéterminés, qui y eft
employée, ne donne ordinairement que des formules en termes recurrens, & voilà un avantage de l'analyfe combinatoire, qui fait affran-
chir ces liens & rend les calculs fi faciles qu'il n'en coûte que la peine
de les écrire.   Je ferai voir dans la fuite, comme j'ai déjà eu l'honneur
de le dire plus haut, que mon nouveau calcul marche de front avec l'a-
nalyfe combinatoire, & ouvre un vafte champ pour des génies fupérieurs au mien.

Je dois faire remarquer ici que le raifonnement peut être abrégé
en faifant ufage des principes du § 24.   Car lg. $f = F$ donne
$\eth\,\mathrm{lg.}\,f = \eth F$, ou $\dfrac{\eth f}{f} = \eth F$, ainfi $\underset{x}{\eth f} = f \cdot \underset{x}{\eth F}$ comme ci-

deffus. Cette abréviation eft encore un effet de mon algorithme, qui fe manifefte encore plus par les problèmes fuivans.

$$\S \ 30.$$

Développer $e^{\overset{0}{a}+\overset{1}{a}x+\overset{2}{a}x^2+\overset{3}{a}x^3+\cdots}=e^f$ en une férie de la forme fuivante: $\overset{0}{A}+\overset{1}{A}x+\overset{2}{A}x^2+\overset{3}{A}x^3+\cdots=F$

on a $\partial e^f=e^f\partial f$ ou $\dfrac{\partial F}{x}=F\cdot\dfrac{\partial f}{x}$ (§ 24. No. 7)

Le développement de la formule $F\cdot\dfrac{\partial f}{x}=\dfrac{\partial F}{x}$ donne les relations fuivantes

$$\overset{1}{A}=\overset{1}{a}\,\overset{0}{A}$$

$$\overset{2}{A}=\frac{\overset{1}{a}\overset{1}{A}+2\overset{2}{a}\overset{0}{A}}{2}$$

$$\overset{3}{A}=\frac{\overset{1}{a}\overset{2}{A}+2\overset{2}{a}\overset{1}{A}+3\overset{3}{a}\overset{0}{A}}{3}$$

$$\overset{4}{A}=\frac{\overset{1}{a}\overset{3}{A}+2\overset{2}{a}\overset{2}{A}+3\overset{3}{a}\overset{1}{A}+4\overset{4}{a}\overset{0}{A}}{4}$$

$$\overset{n}{A}=\frac{\overset{1}{a}\overset{n-1}{A}+2\overset{2}{a}\overset{n-2}{A}+\ldots(r-1)\,\overset{r-1}{a}\,\overset{n+1-r}{A}+\ldots(n-2)\,a\overset{2}{A}+(n-1)\,\overset{n-1}{a}\overset{1}{A}+n\overset{n}{a}\overset{0}{A}}{n};$$

fuppofons dans $F=e^f$ $x=0$ on trouvera $\overset{0}{A}=e^{\overset{0}{a}}$, donc tous les coëfficiens font déterminés.

$$\S \ 31.$$

Développer $\left(1+\dfrac{x}{\overset{0}{a}}\right)^{\overset{1}{\alpha}}\left(1+\dfrac{x}{\overset{1}{a}}\right)^{\overset{2}{\alpha}}\left(1+\dfrac{x}{\overset{2}{a}}\right)^{\overset{3}{\alpha}}\left(1+\dfrac{x}{\overset{3}{a}}\right)^{\overset{4}{\alpha}}$ &c.

en une férie de cette forme:

$$\overset{0}{A}+\overset{1}{A}x+\overset{2}{A}x^2+\overset{3}{A}x^3+\cdots=F$$

Nous avons ainsi d'après ($\S$ 24.)

$$\lg. F = \overset{1}{\alpha}\, \lg.\left(1 + \frac{x}{\overset{1}{a}}\right) + \overset{2}{\alpha}\, \lg.\left(1 + \frac{x}{\overset{2}{a}}\right) + \overset{3}{\alpha}\, \lg.\left(1 + \frac{x}{\overset{3}{a}}\right)$$
$$+ \overset{4}{\alpha}\, \lg.\left(1 + \frac{x}{\overset{4}{a}}\right) + \dots$$

$$\frac{\partial F}{x\, F} = \frac{\overset{1}{\alpha}}{\overset{1}{a} + x} + \frac{\overset{2}{\alpha}}{\overset{2}{a} + x} + \frac{\overset{3}{\alpha}}{\overset{3}{a} + x} + \frac{\overset{4}{\alpha}}{\overset{4}{a} + x} + \dots$$

$$= \frac{\overset{1}{\alpha}}{\overset{1}{a}} - \frac{\overset{1}{\alpha}}{a^2} x + \frac{\overset{1}{\alpha}}{a^3} x^2 - \frac{\overset{1}{\alpha}}{a^4} x^3 + \dots$$
$$\frac{\overset{2}{\alpha}}{\overset{2}{a}} - \frac{\overset{2}{\alpha}}{a^2} x + \frac{\overset{2}{\alpha}}{a^3} x^2 - \frac{\overset{2}{\alpha}}{a^4} x^3 + \dots$$
$$\frac{\overset{3}{\alpha}}{\overset{3}{a}} - \frac{\overset{3}{\alpha}}{a^2} x + \frac{\overset{3}{\alpha}}{a^3} x^2 - \frac{\overset{3}{\alpha}}{a^4} x^3 + \dots$$
$$\frac{\overset{4}{\alpha}}{\overset{4}{a}} - \frac{\overset{4}{\alpha}}{a^2} x + \frac{\overset{4}{\alpha}}{a^3} x^2 - \frac{\overset{4}{\alpha}}{a^4} x^3 + \dots \quad \&c.$$

$$= B_0 - B_1 x + B_2 x^2 - B_3 x^3 + \dots \pm B_n x^n \mp \dots = P$$

donc $\dfrac{\partial F}{x} = F \cdot P.$ Le développement de cette formule nous donne les relations suivantes:

$$\overset{1}{A} = \overset{0}{A} B_0$$
$$\overset{2}{A} = \frac{\overset{1}{A} B_0 - \overset{0}{A} B_1}{2}$$
$$\overset{3}{A} = \frac{\overset{2}{A} B_0 - \overset{1}{A} B_1 + \overset{0}{A} B_2}{3}$$
$$\overset{4}{A} = \frac{\overset{3}{A} B_0 - \overset{2}{A} B_1 + \overset{1}{A} B_2 - \overset{0}{A} B_3}{4}$$
$$\vdots$$
$$\overset{2n}{A} = \frac{\overset{2n-1}{A} B_0 - \overset{2n-2}{A} B_1 + \overset{2n-3}{A} B_2 - \dots + \overset{2r-1}{A} B_{2n-2r} - \overset{2r-2}{A} B_{2n-(2r+1)} + \dots + \overset{1}{A} B_{2n-2} - \overset{0}{A} B_{2n-1}}{2n}$$
$$\overset{2n+1}{A} = \frac{\overset{2n}{A} B_0 - \overset{2n-1}{A} B_1 + \dots - \overset{2r-1}{A} B_{2n-2r} + \dots - \overset{1}{A} B_{2n-1} + \overset{0}{A} B_{2n}}{2n+1}.$$

Comme l'équation $\left(1 + \frac{x}{a}\right)^{\overset{1}{\alpha}} \left(1 + \frac{x}{\overset{}{a}}\right)^{\overset{2}{\alpha}} \times$ &c. $= \overset{0}{A} + \overset{1}{A} x + \overset{2}{A} x^2 + \ldots$ doit être jufte pour toutes les valeurs poffibles de x, nous en tirons pour $x = 0$; $1^{\overset{1}{\alpha}} . 1^{\overset{2}{\alpha}} . 1^{\overset{3}{\alpha}} \times$ &c. $= 1 = \overset{0}{A}$; donc tous les coëfficiens font déterminés, par la loi affignée ci-deffus.

J'ai pris ce problème & le précédent de l'analyfe de l'infini par M. le général *de Tempelhoff* p. 298 & fuivantes *), & je renvoie le lecteur à l'ouvrage cité pour voir les belles conféquences que M. *de Tempelhoff* en déduit. Je crois effectivement que ma folution de ce problème eft la plus facile & la plus expédiente que l'analyfe ordinaire puiffe fournir en termes *recurrens*. Je montrerai dans un autre endroit avec quelle facilité étonnante l'analyfe combinatoire fait réfoudre un problème analogue, mais encore beaucoup plus généralifé, & je ferai voir en même temps, que mon nouveau calcul m'en donne auffi la folution avec la même facilité. Je ne me peux pourtant pas difpenfer de donner encore ici la folution d'un autre problème analogue qui nous fait trouver la fomme des divifeurs des nombres.

$$\S \quad 32.$$

Soit $F = (1 - x)(1 - x^2)(1 - x^3)(1 - x^4)(1 - x^5) \times$ &c.
$= 1 - x - x^2 + x^5 + x^7 - x^{12} - x^{15} + x^{22} + x^{26} -$ &c.
$= f$ (Euler Introd. Cap. XVI. $\S$ 323.); on aura

$$\lg. F = \lg.(1 - x) + \lg.(1 - x^2) + \lg.(1 - x^3) + \ldots = \lg. f.$$

d'après $\S$ 24. donc

$$\frac{\partial F}{F} = -\left[\frac{x}{1 - x} + \frac{2 x^2}{1 - x^2} + \frac{3 x^3}{1 - x^3} + \ldots \right] = \frac{\partial f}{f}.$$

Développant chaque terme de la valeur de $\frac{\partial F}{F}$ en féries, nous aurons

*) v. *Tempelhoffs Anfangsgründe der Analyfis des Unendlichen. Berlin* 1770. (Jufqu'ici il n'a paru que le premier Volume, qui contient le calcul différentiel.)

$$- \frac{\partial F}{xF} = x + x^2 + x^3 + x^4 + x^5 + x^6 + x^7 + x^8 + x^9 + x^{10} + \ldots$$

$$+ 2 \quad\quad + 2 \quad\quad + 2 \quad\quad\quad + 2 \quad\quad\quad + 2$$
$$+ 3 \quad\quad\quad\quad\quad + 3 \quad\quad\quad\quad\quad + 3$$
$$+ 4 \quad\quad\quad\quad\quad\quad\quad + 4$$
$$+ 5 \quad\quad\quad\quad\quad\quad\quad\quad\quad + 5$$
$$+ 6$$
$$+ 7$$
$$+ 8$$
$$+ 9$$
$$+ 10$$

Par cette expression il est manifeste que le coëfficient de chaque puissance de x est la somme des diviseurs de l'exposant correspondant; donc si nous désignons par fn la somme des diviseurs du nombre n, cette dernière expression se changera en celle-ci:

$$- \frac{\partial F}{F} = xf1 + x^2 f2 + x^3 f3 + x^4 f4 + x^5 f5 + x^6 f6$$
$$+ x^7 f7 + x^8 f8 + x^9 f9 + \ldots$$

Comparant cette dernière valeur de $- \dfrac{\partial F}{F}$ avec $- \dfrac{\partial f}{f} = \dfrac{x + 2x^2 - 5x^5 - 7x^7 + 12x^{12} + 15x^{15} - \ldots}{1 - x - x^2 + x^5 + x^7 - x^{12} - x^{15} + \ldots}$, nous en tirerons $f \cdot \dfrac{\partial F}{F} = \partial f$; en effectuant les opérations indiquées, nous aurons

$$xf1 + x^2 f2 + x^3 f3 + x^4 f4 + x^5 f5 + x^6 f6 + x^7 f7 + x^8 f8 + x^9 f9 + x^{10} f10 + \ldots$$
$$- f1 - f2 - f3 - f4 - f5 - f6 - f7 - f8 - f9 - \ldots$$
$$- f1 - f2 - f3 - f4 - f5 - f6 - f7 - f8 - \ldots$$
$$+ f1 + f2 + f3 + f4 + f5 + \ldots$$
$$+ f1 + f2 + f3 + \ldots$$
$$= x + 2x^2 \quad\quad\quad - 5x^5 \quad\quad - 7x^7$$

ce qui donne les égalités suivantes

$f1 = 1$	$f7 = f6 + f5 - f2 - 7$	
$f2 = f1 + 2$	$f8 = f7 + f6 - f3 - f1$	
$f3 = f2 + f1$	$f9 = f8 + f7 - f4 - f2$	
$f4 = f3 + f2$	$f10 = f9 + f8 - f5 - f3$	
$f5 = f4 + f3 - 5$	$f11 = f10 + f9 - f6 - f4$	
$f6 = f5 + f4 - f1$	$f12 = f11 + f10 - f7 - f5 + 12$	&c.

lesquelles reviennent évidemment à celles-ci:

$$f\,1 = 1$$
$$f\,2 = f(2 - 1) + 2$$
$$f\,3 = f(3 - 1) + f(3 - 2)$$
$$f\,4 = f(4 - 1) + f(4 - 2)$$
$$f\,5 = f(5 - 1) + f(5 - 2) - 5$$
$$f\,6 = f(6 - 1) + f(6 - 2) - f(6 - 5)$$
$$f\,7 = f(7 - 1) + f(7 - 2) - f(7 - 5) - 7$$
$$f\,8 = f(8 - 1) + f(8 - 2) - f(8 - 5) - f(8 - 7)$$
$$f\,9 = f(9 - 1) + f(9 - 2) - f(9 - 5) - f(9 - 7)$$
$$f\,10 = f(10 - 1) + f(10 - 2) - f(10 - 5) - f(10 - 7)$$
$$f\,11 = f(11 - 1) + f(11 - 2) - f(11 - 5) - f(11 - 7)$$
$$f\,12 = f(12 - 1) + f(12 - 2) - f(12 - 5) - f(12 - 7) + 12. \quad \&c.$$

Il est clair que les nombres à souftraire continuellement du nombre proposé, & des diviseurs dont on cherche la somme, forment la suite $1, 2, 5, 7, 12, 15, 22, 26$, &c., la même que celle des exposans de x dans la férie f. Donc on a, en général,

$$fn = f(n - 1) + f(n - 2) - f(n - 5) - f(n - 7) + f(n - 12)$$
$$+ f(n - 15) - f(n - 22) - \&c. \ldots$$

en prolongeant la férie, jusqu'à ce qu'on trouve un nombre négatif fous le figne f, & ayant l'attention de prendre pour $f(n - n)$, lorsqu'on arrive à un réfultat de cette forme, le nombre même n.

§ 33.

Réduire $\dfrac{F}{f} = \dfrac{(1 - ax)(1 - bx)(1 - cx)\ldots}{(1 - a'x)(1 - b'x)(1 - c'x)\ldots}$ en une férie de la forme

$$\overset{0}{A} + \overset{1}{A}x + \overset{2}{A}x^2 + \overset{3}{A}x^3 + \ldots = P.$$

Soit

$$\frac{F}{f} = P; \quad \text{on aura } \lg. F - \lg. f = \lg. P;$$

donc

$$\left.\begin{array}{l} - \dfrac{a}{1 - ax} - \dfrac{b}{1 - bx} - \dfrac{c}{1 - cx} - \ldots \\[2mm] + \dfrac{a'}{1 - a'x} + \dfrac{b'}{1 - b'x} + \dfrac{c'}{1 - c'x} + \ldots \end{array}\right\} = \frac{\partial P}{P \cdot x} \quad (\S\,24.\ \text{No. }7)$$

ou

ou

$$\left.\begin{array}{l} a' + a'^2 x + a'^3 x^2 + \ldots \\ + b' + b'^2 x + b'^3 x^2 + \ldots \\ + c' + c'^2 x + c'^3 x^2 + \ldots \\ \;-\;-\;-\;-\;-\;-\;-\;- \\ - a - a^2 x - a^3 x^2 - \ldots \\ - b - b^2 x - b^3 x^2 - \ldots \\ - c - c^2 x - c^3 x^2 - \ldots \\ \;-\;-\;-\;-\;-\;-\;-\;- \end{array}\right\} = \frac{\overset{1}{A} + 2\overset{2}{A}x + 3\overset{3}{A}x^2 + \ldots}{\overset{0}{A} + \overset{1}{A}x + \overset{2}{A}x^2 + \overset{3}{A}x^3 + \ldots}$$

Pour abréger, faisons

$$\overset{1}{S} = a' + b' + c' \ldots - a - b - c \ldots$$
$$\overset{2}{S} = a'^2 + b'^2 + c'^3 \ldots - a^2 - b^2 - c^2 \ldots$$
$$\overset{3}{S} = a'^3 + b^3 + c'^3 \ldots - a^2 - b^3 - c^3 \ldots$$

on aura

$$\overset{1}{S} + \overset{2}{S}x + \overset{3}{S}x^2 + \overset{4}{S}x^3 + \ldots = \frac{\overset{1}{A} + 2\overset{2}{A}x + 3\overset{3}{A}x^2 + \ldots}{\overset{0}{A} + \overset{1}{A}x + \overset{2}{A}x^2 + \overset{3}{A}x^3 + \ldots}$$

d'où on tirera les relations suivantes.

$$\overset{1}{A} = \overset{0}{A}\overset{1}{S}$$
$$2\overset{2}{A} = \overset{1}{A}\overset{1}{S} + \overset{0}{A}\overset{2}{S}$$
$$3\overset{3}{A} = \overset{2}{A}\overset{1}{S} + \overset{1}{A}\overset{2}{S} + \overset{0}{A}\overset{3}{S}$$
$$4\overset{4}{A} = \overset{3}{A}\overset{1}{S} + \overset{2}{A}\overset{2}{S} + \overset{1}{A}\overset{3}{S} + \overset{0}{A}\overset{4}{S} \quad \&c.$$

donc

$$\frac{\overset{1}{A}}{\overset{0}{A}} = \overset{1}{S}$$
$$\frac{\overset{2}{A}}{\overset{0}{A}} = \frac{\overset{2}{S}}{2} + \overset{1}{S}\cdot\frac{\overset{1}{S}}{2}$$
$$\frac{\overset{3}{A}}{\overset{0}{A}} = \frac{\overset{3}{S}}{3} + \overset{1}{S}\cdot\frac{\overset{2}{S}}{3} + \left(\frac{\overset{2}{S}}{2} + \overset{1}{S}\cdot\frac{\overset{1}{S}}{2}\right)\frac{\overset{1}{S}}{3}$$

G

$$\frac{\overset{4}{A}}{\overset{0}{A}} = \frac{\overset{4}{S}}{4} + \overset{1}{S}\cdot\frac{\overset{3}{S}}{4} + \left(\frac{\overset{2}{S}}{2} + \overset{1}{S}\cdot\frac{\overset{1}{S}}{2}\right)\frac{\overset{2}{S}}{4}$$

$$+ \left[\frac{\overset{3}{S}}{3} + \overset{1}{S}\cdot\frac{\overset{2}{S}}{3} + \left(\frac{\overset{2}{S}}{2} + \overset{1}{S}\cdot\frac{\overset{1}{S}}{2}\right)\frac{\overset{1}{S}}{3}\right]\frac{\overset{1}{S}}{4}$$

$$\frac{\overset{m+1}{A}}{\overset{0}{A}} = \frac{\overset{m+1}{S}}{m+1} + \overset{1}{S}\cdot\frac{\overset{m}{S}}{m+1} + \left(\frac{\overset{2}{S}}{2} + \overset{1}{S}\cdot\frac{\overset{1}{S}}{2}\right)\frac{\overset{m-1}{S}}{m+1}$$

$$+ \left[\frac{\overset{3}{S}}{3} + \overset{1}{S}\cdot\frac{\overset{2}{S}}{3} + \left(\frac{\overset{2}{S}}{2} + \overset{1}{S}\cdot\frac{\overset{1}{S}}{2}\right)\frac{\overset{1}{S}}{3}\right]\frac{\overset{m-2}{S}}{m+1} + \ldots$$

L'application de ces formules dépend, comme on voit, de la sommation des féries $\overset{1}{S}$, $\overset{2}{S}$ &c. Dans le cas où la première différence des termes de la férie $\overset{1}{S}$ eft conftante, on trouve immédiatement les coëfficiens des puiffances de x dans le développement du produit $(1 - ax)$ $(1 - bx)$ $(1 - cx)$ &c... par une voie très-fimple que M. de la Grange a donnée (Mém. de l'Acad. de Berlin année 1771, pag. 126).

§ 34.

Les recherches précédentes fuffifent pour faire entrevoir le chemin qui m'a dû néceffairement conduire à mon algorithme, & les procédés qui en dépendent. Pour ne rien laiffer à défirer fur l'évidence du nouveau calcul, j'ai même rapporté des propofitions qu'on trouve ailleurs, mais que j'ai traitées à ma manière. Les développemens de a^x, lg. $(1 + x)$, fin x & cof x, nous ont donné des expreffions purement algébraïques, & nous devons conclure de là, & des principes établis dans les § 1 - 6, que chaque fonction foit algébrique ou transcendante a, ou peut être réduite à la forme.

$$A x^a + B x^b + C x^c + D x^d + \ldots = F.$$

En fuppofant le théorème du binome connu, il fera très-facile de démontrer que $(F)^m$ doit être de la même forme que F, pour chaque expofant imaginable. Mais fans le binome de Newton voici comment on le prouve.

Soit f une fonction de la même forme que F, on prouve comme au § 1. que $f \cdot F$ est de la même forme que F. De là X, Y, Z, U &c. étant des fonctions de la même forme que F, on aura $X \cdot Y \cdot Z \cdot U$ &c. de la même forme que F; soit m & n des nombres entiers, il suit de même que F^m est de la même forme que F ou F^n. Comme F^m est de la même forme que F^n, on en doit conclure que

$(F^m)^{\frac{1}{n}}$ est de la même forme que $(F^n)^{\frac{1}{m}}$ parce que les exposans $\frac{1}{n}$, $\frac{1}{m}$ ne diffèrent que par la grandeur de leur numérateur. On aura donc

$F^{\frac{n}{n}}$ de la même forme que $F^{\frac{n}{m}}$; il est donc évident

que $\quad (F^{\frac{m}{n}})^n$ est de la même forme que $(F^{\frac{n}{m}})^q$

ou $\quad F^m$ est de la même forme que $F^{\frac{n^2}{m}}$

Mais $\frac{n^2}{m}$ peut représenter un nombre rompu quelconque $\frac{p}{q}$

donc $\quad F^m$ est de la même forme que $F^{\frac{p}{q}}$

c'est-à-dire le développement de $F^{\frac{p}{q}}$ est déterminé des termes de F & de l'exposant $\frac{p}{q}$ de la même manière que le développement de F^m l'est des termes de F & de l'exposant m.

$\frac{1}{F^{2n+1}}$ doit évidemment être de la même forme que $\frac{1}{F^n}$

donc aussi $\frac{F^{2n}}{F^{2n+1}}$ de la même forme que $\frac{F^{2n}}{F^n}$

ou $\quad \frac{1}{F} = F^{-1}$ de la même forme que F^n ou F

de là suit que F^{-n} doit aussi être de la même forme que F^n

de même que $F^{-\frac{n}{m}}$ de la même forme que $F^{\frac{n}{m}}$ ou F ou F^n.

Ces principes abrègent beaucoup les démonstrations & épargnent beaucoup de calculs ennuyans; on n'a par exemple besoin que de démontrer le théorème de polynome pour un exposant entier, tout de suite il fuit du principe précédent, que la forme trouvée pour un expofant entier eft auffi jufte pour un expofant quelconque. Il me fera préfentement permis de m'occuper de mon nouveau calcul même. La plupart des propofitions que j'ai données au commencement de ce mémoire font auffi néceffaires au calcul différentiel.

Le calcul d'expofition.

§ 35.

J'appelle *exponentielle* d'une *fonction* fx, le réfultat qu'on reçoit, quand on multiplie chaque terme de la fonction avec l'expofant de la variable x qui fe trouve dans le terme & qu'on regarde comme indépendant d'une autre variable, & j'indique l'opération par un E renverfé ($\backepsilon$) que je place à côté gauche de la fonction (§ 19.).

P. e. foit $fx = x^n$

l'exponentielle fera $\backepsilon . fx = \backepsilon . x^n = n x^n$

foit $fx = a x^r + b \overline{x}^{\frac{1}{2}} + q x^{\sqrt{a}} + C$

l'exponentielle fera

$$\backepsilon . fx = \backepsilon . a x^r + \backepsilon . b x^{-\frac{1}{2}} + \backepsilon . q x^{\sqrt{a}} + \backepsilon . C x^0$$
$$= a r x^r + \tfrac{1}{2} b \overline{x}^{\frac{1}{2}} + q \sqrt{a} . x^{\sqrt{a}}.$$

Pour indiquer qu'on doit prendre l'exponentielle d'une fonction je me fervirai du terme *expofé*, & j'appelle la méthode de déterminer les exponentielles des fonctions, & réciproquement, de remonter des exponentielles aux fonctions, le *calcul d'expofition*.

§ 36.

Il fuit du précédent que l'exponentielle d'une conftante eft zéro

car $\backepsilon . a = \backepsilon . a x^0 = 0 . a x^0 = 0$

de même que $\backepsilon \, x = x.$

c'eft-à-dire: l'exponentielle d'une variable x qui n'eft pas fonction d'une autre variable, eft la variable même, d'où fuit que l'on peut toujours écrire $Ↄx$ au lieu de x, & *vice verſa* x au lieu de $Ↄx$, ſi cela convient.

P. e. $Ↄ . x^2 = 2 x^2 = 2 x . x = 2 x Ↄ x$

$\qquad Ↄ . x^n = n x^n = n x^{n-1} x = n x^{n-1} Ↄ x$

Du § 35 ſuit auſſi généralement, que pour toutes les fonctions $P, Q, R \ldots Z$ d'une ſeule variable x, on a

$$Ↄ.(P + Q + R + \ldots + Z) = Ↄ . P + Ↄ . Q + Ↄ . R + \ldots Ↄ . Z$$

De même pour toute fonction Y de x, & une conſtante quelconque C on a

$$Ↄ . (Y \pm C) = Ↄ . Y \pm Ↄ . C = Ↄ . Y.$$

§ 37.

L'exponentielle d'un produit de deux fonctions d'une ſeule variable x, *ſe trouve en multipliant chacune d'elles par l'exponentielle de l'autre, & en ajoutant enſemble les deux réſultats.*

Soient U & Z deux fonctions de la variable x, il doit être

$$Ↄ U Z = U Ↄ . Z + Z Ↄ U$$

Premier cas.

Soit $\qquad U = a x^r$ & $Z = b x^n$

donc $\qquad U Ↄ Z + Z Ↄ U$

$\qquad = a x^r Ↄ . b x^n + b x^n Ↄ . a x^r$

$\qquad = a x^r . b . n x^n + b x^n . a r x^r$

$\qquad = a b n x^{n+r} + a b r x^{n+r}$

$\qquad = a b (n + r) x^{n+r}$

Mais $\qquad U . Z = a b x^{n+r}$

& $\qquad Ↄ . U Z = a b (n + r) x^{n+r}$

donc, dans ce cas

$$Ↄ . U Z = U Ↄ Z + Z Ↄ U$$

Second cas.

Soit $U = c x^p$, & $Z = a x^q + b x^r + d x^c + \ldots$

Chaque terme du produit $U Z$, eſt une fonction de la forme $m x^g . c x^p$,

& $Ↄ . (m x^g . c x^p) = m x^g Ↄ . c x^p + c x^p . Ↄ . m x^g.$ (Premier cas.)

Le facteur $U = c x^p$ étant commun à tous les termes du produit il suit évidemment que chaque terme de Z sera multiplié, par $Ɔ . c x^p$ & l'exponentielle de chaque terme par $c x^p$. Donc $Ɔ . UZ = UƆZ + ZƆU.$

Troisième cas.

Soit $\qquad U = a x^r + \beta x^e + \delta x^q + \ldots,$

& Z une fonction semblable

$$UZ = a x^r Z + \beta x^e Z + \delta x^q Z + \ldots$$

donc en $Ɔ . UZ$, chaque terme de U aura un facteur $ƆZ$, donc aussi dans ce cas

$$Ɔ . UZ = UƆZ + ZƆU.$$

Autre démonstration plus courte.

Soit $F = U . Z.$

On aura, si la variable x augmente de $\triangle x$ ($\S\ 19.$)

$$F + \frac{ƆF}{x} \triangle x + \mathfrak{P} \triangle x^2$$

$$= \left(U + \frac{ƆU}{x} \triangle x + \mathfrak{Q} \triangle x^2 \right) \left(Z + \frac{ƆZ}{x} \triangle x + \mathfrak{Q}' \triangle x^2 \right)$$

$$= (UZ + (UƆZ + ZƆU) \frac{\triangle x}{x} + \mathfrak{P}' \triangle x^2$$

donc $ƆF = Ɔ . UZ = UƆZ + ZƆU$

§ 38.

Si on divise les deux membres de l'équation $Ɔ . u z = u Ɔ z + z Ɔ u$, par la fonction primitive $u z$, on trouvera $\dfrac{Ɔ . u z}{u z} = \dfrac{Ɔ z}{z} + \dfrac{Ɔ u}{u}$; ce qui conduit facilement à l'expression de l'exponentielle d'un produit composé d'autant de facteurs qu'on voudra.

P. e. Soit $u = x y$; nous aurons $Ɔ . u = \dfrac{Ɔ x}{x} + \dfrac{Ɔ y}{y}$; donc

$$\frac{Ɔ . u z}{u z} = \frac{Ɔ x y z}{x y z} = \frac{Ɔ x}{x} + \frac{Ɔ y}{y} + \frac{Ɔ z}{z}$$

En général soient x, y, ζ, t, u . . . des fonctions d'une seule variable, alors

$$\frac{\mathfrak{E}.(x.y.\zeta.t.u...)}{x.y.\zeta.t.u...} = \frac{\mathfrak{E}x}{x} + \frac{\mathfrak{E}y}{y} + \frac{\mathfrak{E}\zeta}{\zeta} + \frac{\mathfrak{E}t}{t} + \frac{\mathfrak{E}u}{u} + \ldots$$

Si on fait évanouir les dénominateurs, on trouvera que *quel que soit le nombre des facteurs, les exponentielles de leur produit seront égales à la somme des produits de l'exponentielle de chacun d'eux, multipliée par tous les autres.*

Il suit immédiatement que si y^n est une fonction d'une seule variable, alors

$$\frac{\mathfrak{E}.y^n}{y^n} = \frac{\mathfrak{E}.y.y.y.y\ldots}{y.y.y.y\ldots} = \frac{\mathfrak{E}y}{y} + \frac{\mathfrak{E}y}{y} + \frac{\mathfrak{E}y}{y} + \ldots$$

Comme le premier membre est composé de n facteurs, le second sera composé d'un pareil nombre de termes égaux, & il se réduira par conséquent à $n . \frac{\mathfrak{E}y}{y}$.

On aura donc $\dfrac{\mathfrak{E}.y^n}{y^n} = n . \dfrac{\mathfrak{E}y}{y}$

ainsi $\qquad \mathfrak{E}.y^n = n y^{n-1} \mathfrak{E}y$

c'est-à-dire *on trouve l'exponentielle de la puissance d'une fonction quelconque d'une quantité variable, en regardant la fonction simplement comme une quantité variable.*

Cela est général, quel que soit l'exposant de la fonction;

car soit $y^{\frac{n}{m}} = \zeta$

donc $\qquad y^n = \zeta^m$

ainsi $\qquad \mathfrak{E}.y^n = \mathfrak{E}.\zeta^m$

ou $\qquad n y^{n-1} \mathfrak{E}y = m \zeta^{m-1} \mathfrak{E}\zeta$

par conséquent $\dfrac{n y^{n-1} \mathfrak{E}y}{m . \zeta^{m-1}} = \mathfrak{E}\zeta$

$$= \frac{n}{m} \cdot \frac{\zeta . y^{n-1} \mathfrak{E}y}{\zeta^m} = \mathfrak{E}\zeta$$

$$= \frac{n}{m} \frac{y^{\frac{n}{m}} . y^{n-1} \mathfrak{E}y}{y^n} = \frac{n}{m} y^{\frac{n}{m}-1} \mathfrak{E}y = \mathfrak{E}\zeta = \mathfrak{E}.y^{\frac{n}{m}}.$$

Soit
$$y^{-r} = z$$
$$= \frac{1}{y^r} = z$$
$$= 1 = z y^r$$

donc
$$0 = \mathfrak{D} . z y^r$$
$$0 = z \mathfrak{D} y^r + y^r . \mathfrak{D} z$$
$$- \frac{z \mathfrak{D} y^r}{y^r} = \mathfrak{D} z = - \frac{y^{-r} . r y^{r-1} \mathfrak{D} y}{y^r} = - r y^{-(r+1)} \mathfrak{D} y$$

Autre démonstration plus courte & directe.

Soit $F = (f)^n$ & f une fonction de x; supposons que x augmente de $\triangle x$, on aura d'après § 19.

$$F + \frac{\mathfrak{D} F}{x} \triangle x + \mathfrak{P} \triangle x^2 = \left(f + \frac{\mathfrak{D} f}{x} \triangle x + \mathfrak{Q} \triangle x^2 \right)^n$$
$$= f^n + n f^{n-1} \frac{\mathfrak{D} f}{x} \triangle x + \mathfrak{P}' \triangle x^2 \quad \S 19.$$

ainsi $\quad \mathfrak{D} F = \mathfrak{D} . (f)^n = n f^{n-1} \mathfrak{D} f$

Remarque. Soit $f = x$ c'est-à-dire une variable absolue, on aura
$$\mathfrak{D} . f^n = \mathfrak{D} . x^n = n x^{n-1} \mathfrak{D} x$$
$$= n x^{n-1} . x$$
$$= n x^n \quad (\S 36.)$$

$$\S \ 39.$$

Soient x & y deux fonctions d'une quantité variable u, on aura
$$\mathfrak{D} . \frac{x}{y} = \frac{y \mathfrak{D} x - x \mathfrak{D} y}{y^2}$$

car $\quad \dfrac{x}{y}$ soit $= z$

donc $\quad x = y z$

& $\quad \mathfrak{D} x = y \mathfrak{D} z + z \mathfrak{D} y$

& $\quad \dfrac{\mathfrak{D} x - z \mathfrak{D} y}{y} = \mathfrak{D} z$

ou $\quad \dfrac{\mathfrak{D} x - \frac{x}{y} \mathfrak{D} y}{y} = \mathfrak{D} z$

ou $\quad \dfrac{y \mathfrak{D} x - x \mathfrak{D} y}{y^2} = \mathfrak{D} . \dfrac{x}{y}.$

Ainsi

Ainsi *pour trouver l'exponentielle d'une fraction, il faut multiplier le dénominateur par l'exponentielle du numérateur, retrancher de ce produit celui du numérateur par l'exponentielle du dénominateur, & diviser le tout par le carré du dénominateur.*

Autre démonstration qui est directe.

Ayant $Z = \dfrac{X}{Y}$, & que u augmente de Δu on aura d'après § 19.

$$Z + \frac{\mathfrak{Z}Z}{u}\Delta u + \mathfrak{P}\Delta u^2 = \frac{x + \dfrac{\mathfrak{Z}X}{u}\Delta u + \Omega\,\Delta u^2}{Y + \dfrac{\mathfrak{Z}Y}{u}\Delta u + \Omega'\,\Delta u^2}$$

& par la division ordinaire

$$= \frac{X}{Y} + \left(\frac{\mathfrak{Z}X}{Yu} - \frac{X\,\mathfrak{Z}Y}{Y^2 u}\right)\Delta u + \mathfrak{P}'\Delta u^2$$

ainsi $\quad \mathfrak{Z}Z = \mathfrak{Z}\cdot\dfrac{x}{y} = \dfrac{y\,\mathfrak{Z}x - x\,\mathfrak{Z}y}{y^2}$

Soit en général une fraction $\dfrac{p\,q\,r\,s\,t\,\ldots}{p'q'r's't'\ldots} = Z$

ou $\qquad p\,q\,r\,s\,t\ldots = Z\,p'q'r's't'\ldots$

donc $\quad \dfrac{\mathfrak{Z}\cdot Z\,p'q'r's't'\ldots}{Z\,p'q'r's't'\ldots} = \dfrac{\mathfrak{Z}\cdot p\,q\,r\,s\,t\ldots}{p\,q\,r\,s\,t\ldots}$

ou $\quad \dfrac{\mathfrak{Z}Z}{Z} + \dfrac{\mathfrak{Z}p'}{p'} + \dfrac{\mathfrak{Z}q'}{q'} + \ldots = \dfrac{\mathfrak{Z}p}{p} + \dfrac{\mathfrak{Z}q}{q} + \dfrac{\mathfrak{Z}r}{r} + \ldots$

& par conséquent

$$\mathfrak{Z}Z = Z\left[\frac{\mathfrak{Z}p}{p} + \frac{\mathfrak{Z}q}{q} + \ldots - \left(\frac{\mathfrak{Z}p'}{p'} + \frac{\mathfrak{Z}q'}{q} + \ldots\right)\right].$$

Il sera facile maintenant de tirer de ce résultat l'exponentielle de la fraction proposée.

§ 40.

Ayant démontré (§ 24. No. 7) l'expression $\mathfrak{Z}\cdot \lg. f = \dfrac{\mathfrak{Z}f}{f}$, indépendamment des propositions aux § 37, 38, 39, nous en tirons de nouvelles démonstrations pour les dits théorèmes.

H

Car $F = UZ$; donne lg. $F = $ lg. $U + $ lg. Z;

donc $\dfrac{\partial F}{F} = \dfrac{\partial U}{U} + \dfrac{\partial Z}{Z}$, ou $\partial . UZ = Z\partial U + U\partial Z$

comme au § 37.

De même $Z = \dfrac{x}{y}$; donne lg. $z = $ lg. $x - $ lg. y;

donc $\dfrac{\partial z}{z} = \dfrac{\partial x}{x} - \dfrac{\partial y}{y}$ (§ 24. No. 7); ou $\partial . \dfrac{x}{y} = \dfrac{y\partial x - x\partial y}{y^2}$

comme au § 39.

ces dernières démonstrations ont l'avantage d'être justes, même quand U, Z, x & y sont des variables ou des fonctions indépendantes l'une de l'autre.

Ayant $F = f^n$, nous aurons lg $F = n$ lg. f;

donc $\dfrac{\partial F}{F} = n\dfrac{\partial f}{f}$ (§ 24. No. 7) ainsi $\partial F = n\dfrac{F.\partial f}{f}$

ou $\partial . f^n = nf^{n-1}\partial f$ comme au § 38.

§ 41.

f étant une fonction de la variable x, & ayant $F = $ fin f, nous aurons en supposant que x se change en $x + \Delta x$

1) $F + \dfrac{\partial F}{x}\Delta x + \mathfrak{P}\Delta x^2 = $ fin $\left(f + \dfrac{\partial f}{x}\Delta x + \mathfrak{Q}\Delta x^2\right)$ (§ 19.)

$\qquad = $ fin f. cof $\left(\dfrac{\partial f}{x}\Delta x + \mathfrak{Q}\Delta x^2\right)$

$\qquad + $ cof f. fin $\left(\dfrac{\partial f}{x}\Delta x + \mathfrak{Q}\Delta x^2\right)$ (felon la trigonométrie)

mais on ose supposer fin $f = \overset{1}{A}f + \overset{2}{A}f^2 + \dots$ (§ 27.)

2) donc fin $\left(\dfrac{\partial f}{x}\Delta x + \mathfrak{Q}\Delta x^2\right) = \overset{1}{A}\left(\dfrac{\partial f}{x}\Delta x + \mathfrak{Q}\Delta x^2\right)$

$\qquad + \overset{2}{A}\left(\dfrac{\partial f}{x}\Delta x + \mathfrak{Q}\Delta x^2\right)^2 + \dots$

$\qquad = \overset{1}{A}.\dfrac{\partial f}{x}\Delta x + \mathfrak{Q}'\Delta x^2$; ainsi fin$^2\left(\dfrac{\partial f}{x}\Delta x + \mathfrak{Q}\Delta x^2\right)$

$\qquad = \mathfrak{Q}''\Delta x^2$

ſelon la trigonométrie

$$3)\quad \coſ\left(\frac{\eth f}{x}\Delta x + \mathfrak{Q}\,\Delta x^2\right) = (1 - \mathfrak{Q}''\Delta x^2)^{\frac{1}{2}} = 1 - \frac{1}{2}\mathfrak{Q}'''\Delta x^2$$

ſubſtituant les valeurs de No. 2 & 3 dans No. 1, nous aurons

$$F + \frac{\eth f'}{x}\Delta x + \mathfrak{P}\,\Delta x^2 = ſin\,f - ſin\,f\,\mathfrak{Q}''\Delta x^2$$
$$+ \coſ f\,\overset{1}{\mathfrak{A}}\cdot\frac{\eth f}{x}\Delta x + \coſ f\cdot\mathfrak{Q}'\Delta x^2$$
$$= ſin\,f + \coſ f\,\overset{1}{\mathfrak{A}}\cdot\frac{\eth f}{x}\Delta x + \mathfrak{P}'\Delta x^2$$

donc 4) $\eth F = \eth\cdot ſin\,f = \overset{1}{\mathfrak{A}}\cdot\coſ f\cdot\eth f$.

La trigonométrie nous apprend que $(\coſ f)^2 = 1 - (ſin\,f)^2$; donc $2\coſ f\cdot\eth\cdot\coſ f = -2\,ſin\,f\cdot\eth\cdot ſin\,f$ (§ 38.)
$$= -2\,ſin\,f\cdot\overset{1}{\mathfrak{A}}\coſ f\cdot\eth f\quad (\text{No. 4})$$

ainſi 5) $\eth\cdot\coſ f = -\overset{1}{\mathfrak{A}}\cdot ſin\,f\cdot\eth f$. Soit $f = x$, c'eſt-à-dire une variable abſolue, nous aurons

$$\eth\,ſin\,x = \overset{1}{\mathfrak{A}}x\,\coſ x \quad\&\quad \eth\,\coſ x = -\overset{1}{\mathfrak{A}}x\,ſin\,x \text{ comme au § 27.}$$

§ 42.

Il n'y aura plus de difficulté à tirer par les principes précédens, les expreſſions ſuivantes

1) $\eth\,ſin\,v\cdot f = ſin\,f\cdot\eth f$
2) $\eth\,\coſ v\cdot f = -\coſ f\cdot\eth f$
3) $\eth\,\mathrm{tg}.\,f = ſec.^2\,f\cdot\eth f$
4) $\eth\,\mathrm{cotg}.\,f = -\,coſec.^2\,f\cdot\eth f$
5) $\eth\,ſec.\,f = \mathrm{tg}.\,f\cdot ſec.\,f\cdot\eth f$
6) $\eth\,coſec.\,f = -\,\mathrm{cotg}.\,f\cdot coſec.\,f\cdot\eth f$

Soit $f = \arc ſin\,\varphi$, ainſi $\varphi = ſin\,f$; nous trouverons

$$8)\quad \eth\,\arc ſin\,\varphi = \frac{\eth\varphi}{\sqrt{(1-\varphi^2)}}$$

$$9)\quad \eth\,\arc\coſ\varphi = \frac{-\eth\varphi}{\sqrt{(1-\varphi^2)}}$$

10) $\partial \text{ arc sin } v\,\varphi = \dfrac{\partial \varphi}{\sqrt{(2\varphi - \varphi^2)}}$

11) $\partial \text{ arc cos } v\,\varphi = \dfrac{-\partial \varphi}{\sqrt{(2\varphi - \varphi^2)}}$

12) $\partial \text{ arc tg. } \varphi = \dfrac{\partial \varphi}{1 + \varphi^2}$

13) $\partial \text{ arc cotg. } \varphi = \dfrac{-\partial \varphi}{1 + \varphi^2}$

14) $\partial \text{ arc sec. } \varphi = \dfrac{\partial \varphi}{\varphi \sqrt{(\varphi^2 - 1)}}$

15) $\partial \text{ arc cosec. } \varphi = \dfrac{-\partial \varphi}{\varphi \sqrt{(\varphi^2 - 1)}}$.

§ 43.

Des exponentielles secondes, troisièmes &c.

Soit f, une fonction de la variable absolue x, le premier quotient exponentiel sera $\dfrac{\partial f}{\partial x}$, & par analogie

le second quotient exponentiel … $\dfrac{\partial \cdot \frac{\partial f}{\partial x}}{\partial x}$. Regardant l'exponentielle de la variable absolue x, c'est-à-dire ∂x comme invariable, nous pouvons simplifier l'expression, en adoptant la notation suivante

$$\dfrac{\partial \cdot \frac{\partial f}{\partial x}}{\partial x} = \dfrac{\partial^2 f}{\partial x^2}$$

De là le quotient de l'exponentielle troisième $\dfrac{\partial \cdot \frac{\partial^2 f}{\partial x^2}}{\partial x} = \dfrac{\partial^3 f}{\partial x^3}$

En général $\dfrac{\partial \cdot \frac{\partial^{r-1} f}{\partial x^{r-1}}}{\partial x} = \dfrac{\partial^r f}{\partial x^r}$

§ 44.

Il me sera permis de le représenter encore d'une autre manière.

J'entends par $\eth f$ l'exponentielle première de la fonction f
- - $\eth^2 f$ - seconde - -
- - $\eth^3 f$ - troisième - -

- - $\eth^r f$ - r tième - -

c'eft-à-dire $\eth \cdot (\eth f) = \eth^2 f$
$\eth \cdot (\eth^2 f) = \eth^3 f$
$\eth \cdot (\eth^3 f) = \eth^4 f$

$\eth \cdot (\eth^{r-1} f) = \eth^r f.$

Si donc $\eth f = P \eth x$ & $\eth \cdot P = Q \eth x$, on aura
$\eth^2 f = Q \eth x^2$ & fin $\eth Q = R \cdot \eth x$, on aura
$\eth^3 f = R \eth x^3.$

En général pour $\eth^{r-1} f = Y \eth x^{r-1}$, & $\eth \cdot Y = Z \eth x$, on aura
$\eth^r f = Z \cdot \eth x^r.$

De là fuit immédiatement

$$P = \frac{\eth f}{\eth x}$$

donc $\eth \cdot P = \eth \cdot \dfrac{\eth f}{\eth x}$

ou $Q \eth x = \eth \cdot \dfrac{\eth f}{\eth x}$

$$Q = \frac{\eth \cdot \dfrac{\eth f}{\eth x}}{\eth x}$$

mais $Q \eth x^2 = \eth^2 f$

donc $Q = \dfrac{\eth^2 f}{\eth x^2}$

par conféquent $\dfrac{\eth \cdot \dfrac{\eth f}{\eth x}}{\eth x} = \dfrac{\eth^2 f}{\eth x^2}.$

& ainfi de fuite comme ci-deffus.

Voici une petite application. Soit n un nombre entier & x une variable abfolue

$$\frac{\partial \cdot x^n}{\partial x} = n x^{n-1}$$

$$\frac{\partial^2 \cdot x^n}{\partial x^2} = n . n - 1 . x^{n-2}$$

$$\frac{\partial^3 \cdot x^n}{\partial x^3} = n . n - 1 . n - 2 . x^{n-3}$$

$$\frac{\partial^r \cdot x^n}{\partial x^r} = n . n - 1 \ldots (n - (r - 1)) x^{n-r}$$

$$\& \quad \frac{\partial^n \cdot x^n}{\partial x^n} = n . n - 1 . n - 2 \ldots 2 . 1$$

c'eft-à-dire une quantité conftante.

§ 45.

Application du calcul d'expofition à trouver la valeur qu'une fonction propofée doit atteindre, fi une quantité variable y eft augmentée ou diminuée d'une quantité donnée.

Problême. Soit propofée une fonction y de x, dans laquelle x augmenté d'une quantité donnée Δx; déterminer la valeur Y, que la fonction en doit atteindre.

Solution. La forme générale de chaque fonction de y étant

$$y = A x^\alpha + B x^\beta + C x^\gamma + \ldots$$

On aura

$$Y = A (x \pm \Delta x)^\alpha + B (x \pm \Delta x)^\beta + C (x \pm \Delta x)^\gamma + \ldots$$

Si on développe chaque terme felon le théorème du binome, on aura

$$Y = A x^\alpha \pm \frac{A\alpha}{1} x^{\alpha-1} \Delta x + \frac{A\alpha(\alpha-1)}{1.2} x^{\alpha-2} \Delta x^2$$

$$\pm \frac{A\alpha(\alpha-1)(\alpha-2)}{1.2.3} x^{\alpha-3} \Delta x^3 + \ldots$$

$$B x^\beta \pm \frac{B\beta}{1} . x^{\beta-1} \Delta x + \frac{B.\beta(\beta-1)}{1.2} x^{\beta-2} \Delta x^2$$

$$\pm \frac{B.\beta(\beta-1)(\beta-2)}{1.2.3} x^{\beta-3} \Delta x^3 + \ldots$$

$$C x^{3} \pm \frac{C\delta}{1} x^{3-1} \Delta x + \frac{C\delta(\delta-1)}{1.2} x^{3-2} \Delta x^{2}$$

$$\pm \frac{C.\delta(\delta-1)(\delta-2)}{1.2.3} x^{3-3} \Delta x^{3} + \ldots$$

On aperçoit d'abord que la première férie verticale eft la fonction propofée même: mais pour juger la valeur de chacune des fuivantes, j'appellerai dans cette recherche la première férie verticale, celle où fe trouve la première puiffance de Δx, & alors il eft évident que la r tième férie verticale, fera

$$\pm \frac{A\alpha(\alpha-1)(\alpha-2)\ldots(\alpha-r+1)}{1.2.3\ldots r} x^{\alpha-r} \Delta x^{r}$$

$$\pm \frac{B\beta(\beta-1)(\beta-2)\ldots(\beta-r+1)}{1.2.3\ldots r} x^{\beta-r} \Delta x^{r}$$

$$\pm \frac{C\delta(\delta-1)(\delta-2)\ldots(\delta-r+1)}{1.2.3\ldots r.} x^{3-r} \Delta x^{r}$$

Mais on trouve fuivant le § précédent

$$\frac{\partial^{r}.Ax^{\alpha}}{\partial x^{r}} = A\alpha(\alpha-1)(\alpha-2)\ldots(\alpha-r+1) x^{\alpha-r}$$

$$\frac{\partial^{r}.Bx^{\beta}}{\partial x^{r}} = B\beta(\beta-1)(\beta-2)\ldots(\beta-r+1) x^{\beta-r}$$

$$\frac{\partial^{r}.Cx^{3}}{\partial x^{r}} = C\delta(\delta-1)(\delta-2)\ldots(\delta-r+1) x^{3-r}$$

$$\&c. \qquad \&c.$$

Ainfi, on trouvera la r tième férie verticale, en prenant la fomme de

$$\partial^{r}.Ax^{\alpha} + \partial^{r}.Bx^{\beta} + \partial^{r}.Cx^{3} + \ldots$$

multipliée par $\dfrac{\Delta x^{r}}{1.2.3.4\ldots r \, \partial x^{r}}$

c'eſt-à-dire

$$= \frac{Ȝ^{r}(y) \cdot \Delta x^{r}}{1.\,2.\,3.\,4 \ldots r\, Ȝ x^{r}}.$$

Par cette formule générale on trouve facilement, la première, la ſeconde, la troiſième ſérie &c., en ſubſtituant $r = 1$, $r = 2$, $r = 3$ &c. . . . Par là on aura

$$Y = y \pm \frac{Ȝ \cdot y}{Ȝ x} \cdot \frac{\Delta x}{1} + \frac{Ȝ^{2} \cdot y}{Ȝ x^{2}} \cdot \frac{\Delta x^{2}}{1.2} \pm \frac{Ȝ^{3} \cdot y}{Ȝ x^{2}} \cdot \frac{\Delta x^{3}}{1.2.3} + \ldots$$

$$\pm \frac{Ȝ^{r} \cdot y}{Ȝ x^{r}} \cdot \frac{\Delta x^{r}}{1.2.3 \ldots r} \pm \ldots$$

Cette formule, qui ſert en quelque ſorte de baſe au calcul d'expoſition & ſur laquelle repoſe preſqu'entièrement la théorie des ſuites, eſt connue en analyſe ſous le nom de *Théorème de Taylor*, parce que c'eſt à ce géomètre anglois qu'on en doit la découverte. Mais il me ſemble, que la manière donc j'ai trouvé le théorème ci-deſſus, par les principes de mon calcul exponentiel, ne laiſſent plus rien à déſirer ſur ſon évidence. A la rigueur il eſt vrai que ma formule n'a que la forme de celle de *Taylor*, mais elle donne par un procédé auſſi facile & court, les mêmes réſultats dans mon nouveau calcul, que l'autre dans le calcul différentiel. Savoir: elle donne la différence finie Δy par une ſérie qui procède ſuivant les puiſſances de Δx.

$$\S\ 46.$$

Les quotiens exponentiels $\dfrac{Ȝ \cdot y}{Ȝ x}$, $\dfrac{Ȝ^{2} \cdot y}{Ȝ x^{2}}$, $\dfrac{Ȝ^{3} \cdot y}{Ȝ x^{3}}$ &c. ſont des quantités déterminées & dépendantes de la fonction y, qu'on fera toujours en état de donner entièrement exactes pour chaque fonction y de x. Si la fonction y eſt de nature qu'elle donne pour un certain quotient exponentiel $\dfrac{Ȝ^{r} \cdot y}{Ȝ x^{r}} = 0$; alors il eſt ſûr que tous les quotiens exponentiels ſupérieurs ſont auſſi zéro, c'eſt-à-dire

$$\frac{Ȝ^{r+1} \cdot y}{Ȝ x^{r+1}} = 0; \quad \frac{Ȝ^{r+2} \cdot y}{Ȝ x^{r+2}} = 0. \ \&c.$$

On

On voit aussi qu'on peut prendre pour la *quantité variable* x, & pour la *quantité finie* $\triangle x$, tout ce qu'on veut; même on peut regarder $\triangle x$ comme variable; car $\frac{\partial \cdot y}{\partial x}$, $\frac{\partial^2 \cdot y}{\partial x^2}$ &c. font indépendans de $\triangle x$. La férie pour Y converge d'autant plus que $\triangle x$ fera petit.

§ 47.
Différentes formes de ce théorème.

Si $\quad y = f(x)$ &

$\qquad \zeta = f(x \pm \triangle x)$

alors $\zeta = y \pm \dfrac{\partial \cdot y}{\partial x} \cdot \dfrac{\triangle x}{1} + \dfrac{\partial^2 \cdot y}{\partial x^2} \cdot \dfrac{\triangle x^2}{1 \cdot 2} \pm \dfrac{\partial^3 \cdot y}{\partial x^3} \cdot \dfrac{\triangle x^3}{1 \cdot 2 \cdot 3} + \ldots$

$$f(x \pm \triangle x) = f(x) \pm \frac{\partial \cdot f(x)}{\partial x} \cdot \frac{\triangle x}{1} + \frac{\partial^2 \cdot f(x)}{\partial x^2} \cdot \frac{\triangle x^2}{1 \cdot 2}$$
$$\pm \frac{\partial^3 \cdot f(x)}{\partial x^3} \cdot \frac{\triangle x^3}{1 \cdot 2 \cdot 3} + \ldots$$

Si on fuppofe $\triangle x = x$, & x diminuant de $\triangle x$, on aura

$$Y = y - \frac{\partial y \cdot x}{\partial x} + \frac{\partial^2 y}{\partial x^2} \cdot \frac{x^2}{1 \cdot 2} - \frac{\partial^3 y}{\partial x^3} \cdot \frac{x^3}{1 \cdot 2 \cdot 3} + \ldots$$

Comme il y a des fonctions y de x qui pour $x = 0$ font aussi zéro, & d'autres fonctions qui donnent pour x des valeurs A, la dernière forme donnera ou *zéro* ou A.

Si on fait $\triangle x = a - x$, on aura

$$y + \frac{\partial y}{\partial x} \cdot \frac{a - x}{1} + \frac{\partial^2 y}{\partial x^2} \cdot \frac{(a - x)^2}{1 \cdot 2} + \frac{\partial^3 y}{\partial x^3} \cdot \frac{(a - x)^3}{1 \cdot 2 \cdot 3} + \ldots = A$$

C'eft une forme générale qui donne pour $x = a$ la valeur A.

Je ne m'arrête pas à faire des applications au développement des fonctions en férie. Je me contente d'avoir prouvé que tout cela eft en mon pouvoir.

Regardant ∂x comme conftante & finie, & prenant l'expofé comme à l'ordinaire, on aura:

$$y \pm \triangle y = y \pm \frac{\partial y}{1} + \frac{\partial^2 y}{1 \cdot 2} + \frac{\partial^3 y}{1 \cdot 2 \cdot 3} + \ldots$$

I

§ 48.

Soit $\overset{0}{y}, \overset{1}{y}, \overset{2}{y}, \overset{3}{y} \ldots$ une férié dont le terme général fera

$$\overset{n}{y} = 1 \cdot y + {}^{n}\mathfrak{A}\,\Delta' y + {}^{n}\mathfrak{B}\,\Delta^2 y \ldots + {}^{n}\mathfrak{M}\,\Delta^n y$$

${}^{n}\mathfrak{A}$, ${}^{n}\mathfrak{B}$, $\ldots$ ${}^{n}\mathfrak{M}$ étant les coëfficiens du binome de la n tième puiffance, c'eft-à-dire le premier, le fecond $\ldots$ le n tième coëfficient. De plus, foit $\overset{0}{y}$ une fonction de

x, & fi x fe change en $x \overset{+}{\underset{1}{-}} 1\Delta x$; $x \overset{+}{\underset{2}{-}} 2\Delta x$; $x \overset{+}{\underset{3}{-}} 3\Delta x$; $\ldots x \overset{+}{-} n\Delta x$

y fe change en $\quad \overset{1}{y}$; $\quad \overset{2}{y}$; $\quad \overset{3}{y}$; $\quad \overset{n}{y}$.

Nous aurons

$$\overset{1}{y} = y \pm \frac{\partial y}{\partial x} \cdot \frac{\Delta x}{1} + \frac{\partial^2 y}{\partial x^2} \cdot \frac{\Delta x^2}{1.2} \pm \frac{\partial^3 y}{\partial x^3} \cdot \frac{\Delta x^3}{1.2.3} + \ldots$$

$$\overset{2}{y} = y \pm \frac{\partial y}{\partial x} \cdot \frac{2\Delta x}{1} + \frac{\partial^2 y}{\partial x^2} \cdot \frac{2^2 \Delta x^2}{1.2} \pm \frac{\partial^3 y}{\partial x^3} \cdot \frac{2^3 \Delta x^3}{1.2.3} + \ldots$$

$$\overset{3}{y} = y \pm \frac{\partial y}{\partial x} \cdot \frac{3\Delta x}{1} + \frac{\partial^2 y}{\partial x^2} \cdot \frac{3^2 \Delta x^2}{1.2} \pm \frac{\partial^3 y}{\partial x^3} \cdot \frac{3^3 \Delta x^3}{1.2.3} + \ldots$$

$$\vdots$$

$$\overset{n}{y} = y \pm \frac{\partial y}{\partial x} \cdot \frac{n\Delta x}{1} + \frac{\partial^2 y}{\partial x^2} \cdot \frac{(n\Delta x)^2}{1.2} \pm \frac{\partial^3 y}{\partial x^3} \cdot \frac{(n\Delta x)^3}{1.2.3} + \ldots$$

$$= f(x \pm n\wedge x);$$ de là on tire facilement les différences $\Delta' y$, $\Delta^2 y, \ldots \Delta^r y \ldots$

§ 49.

I) Y étant $= f^m(x)$, on aura

$$f^m(x \pm \Delta x) = f^m(x) \pm \frac{\partial \cdot f^m(x)}{\partial x} \cdot \frac{\Delta x}{1} + \frac{\partial^2 \cdot f^m(x)}{\partial x^2} \cdot \frac{\Delta x^2}{1.2} + \ldots$$

II) Soit $y = f^m(x) \cdot \varphi^n(x)$, on aura

$$f^m(x \pm \Delta x) \cdot \varphi^n(x \pm \Delta x) = f^n(x) \cdot \varphi^n(x)$$
$$\pm \frac{\partial \cdot f^m(x) \cdot \varphi^n(x)}{\partial x} \cdot \frac{\Delta x}{1} + \frac{\partial^2 \cdot f^m(x) \cdot \varphi^n(x)}{\partial x^2} \cdot \frac{\Delta x^2}{1.2} + \ldots$$

III) Soit $y = \frac{f^m(x)}{f^n(x)}$; on aura

$$\frac{F^m(x \pm \Delta x)}{f^n(x \pm \Delta x)} = \frac{F^m(x)}{f^n(x)} + \frac{\mathfrak{D}\frac{F^m(x)}{f^n(x)}}{\mathfrak{D}x} \cdot \frac{\Delta x}{1} + \frac{\mathfrak{D}^2\frac{F^m(x)}{f^n(x)}}{\mathfrak{D}x^2} \cdot \frac{\Delta x^2}{1 \cdot 2} + \dots$$

C'eft le théorème de *Taylor* rapporté aux *puiffances* & à des *produits* & des *quotiens* de telles puiffances, pour des (n) oppofés II) & III) dépendent l'un de l'autre.

§ 50.

Pour le développement des fonctions en férie, on peut encore donner au théorème de Taylor une forme plus commode dans la pratique. Savoir fi $\zeta = f(x + \Delta x)$, & on fait d'abord $\dot{x} = 0$, & après $\Delta x = x$, alors ζ fe change en $f(o + x) = f(x)$ ou y. Faites cela de même pour ζ dans les termes à développer dans l'équation, & vous aurez la valeur de ζ réduit à la valeur de y. De plus

pour $\quad y, \dfrac{\mathfrak{D}y}{\mathfrak{D}x}, \dfrac{\mathfrak{D}^2 y}{\mathfrak{D}x^2}, \dfrac{\mathfrak{D}^3 y}{\mathfrak{D}x^3}, \dots$

mettez $\quad \varphi, \quad A, \quad B, \quad C \dots$

où $\varphi, A, B, C \dots$ fignifient *les valeurs réduites* tel qu'on l'a fuppofé en haut, on aura

$$y = \varphi + \frac{A}{1} x + \frac{B}{1 \cdot 2} x^2 + \frac{C}{1 \cdot 2 \cdot 3} x^3 + \dots$$

On voit d'abord que (y) eft ici la fonction de x à *développer*, telle *qu'on l'a donnée*. Les termes à droite donnent fon développement fuivant les puiffances de x, au moyen des *valeurs réduites* des coëfficiens $\varphi, A, B, C \dots$

Je dois pourtant remarquer qu'on fuppofe que y foit une telle fonction, dont le développement peut procéder fuivant les puiffances naturelles de x, quoique quelques-uns des coëfficiens $\varphi, A, B, C \dots$ puiffent être zéro.

§ 51.

P r o b l é m e.

Développer la valeur de $(\alpha + \beta x + \gamma x^2 + \delta x^3 + \dots)^m$ en une férie fuivant les puiffances de x.

Solution.

Soit $y = (\alpha + X)^m$ ou $X = \beta x + \gamma x^2 + \delta x^3 + \ldots$
On trouvera par la formule du **No.** précédent.

$$\varphi = \alpha^m$$
$$A = m\,\alpha^{m-1}\beta;$$
$$B = m.m-1.\alpha^{m-2}\beta^2$$
$$\&c.$$

ainfi

$$(\alpha + X)^m = \alpha^m + {}^m\mathfrak{A}\,\alpha^{m-1}\beta x$$
$$+ ({}^m\mathfrak{A}\,\alpha^{m-1}\gamma + {}^m\mathfrak{B}\,\alpha^{m-2}\beta^2)\,x^2$$
$$+ ({}^m\mathfrak{A}\,\alpha^{m-1}\delta + 2\,{}^m\mathfrak{B}\,\alpha^{m-2}\beta\gamma + {}^m\mathfrak{C}\,\alpha^{m-3}\beta^3)\,x^3$$
$$\&c.$$

C'eft donc une autre méthode que celle du § 21.

Tout ce que je viens de dire fur ce théorème intéreffant & remarquable fait voir la fécondité de mon nouveau calcul. Nous généraliferons dans la fuite les méthodes. Je me tourne à préfent d'un autre côté non moins intéreffant que le précédent.

Application du calcul d'expofition dans la haute Géométrie.

§ 52.

Des tangentes, des fous-tangentes, des normales, des fous-normales, des fécantes & fous-fécantes.

Soit x l'abciffe, y l'ordinate rectangulaire d'une courbe quelconque. Il eft connu que

la fous-fécante eft $=$ à $\dfrac{\Delta x}{\Delta y} \cdot y$.

Mais, comme x peut être regardé comme une fonction de y, on aura fuivant le théorème de Taylor, la tangente de l'angle que fait la fécante avec l'ordinate

$$-\frac{\Delta x}{\Delta y} = \frac{\dfrac{\partial x}{\partial y}\dfrac{\Delta y}{1} + \dfrac{\partial^2 y}{\partial y^2}\dfrac{\Delta y^2}{1.2}}{\Delta y} \ldots = \frac{\partial x}{\partial y} + \frac{\partial^2 x}{\partial y^2}\cdot\frac{\Delta y}{1.2} + \ldots$$

Pour le point de la tangente Δx auffi bien que Δy doit être réel-lement zéro

$$\text{donc la fous-tangente} = y \cdot \frac{\partial x}{\partial y}.$$

Un autre raifonnement nous donne fous-féc. $=$ fous-tg. $+$ com-plément, ce complément eft évidemment une fonction de Δy, l'équation peut donc être exprimée par

$$\text{fous-tg.} + \mathfrak{P}\Delta y = \frac{\Delta x}{\Delta y} \cdot y = \left(\frac{\partial x}{\partial y} + \mathfrak{Q}\Delta y \right) y$$

$$\text{donc fous-tg.} = y \frac{\partial x}{\partial y}.$$

Il fuit aifément

$$\text{la tangente} = y \, V \left(1 + \frac{\partial x^2}{\partial y^2} \right)$$

$$\text{la fous-normale} = y \cdot \frac{\partial y}{\partial x}$$

$$\text{la normale} = y \, V \left(1 + \frac{\partial y^2}{\partial x^2} \right)$$

Soit l'équation de la parabole d'un genre quelconque

$$y^m = a^{m-n} x^n$$

on aura $m y^{m-1} \partial y = n a^{m-n} x^{n-1} \partial x$

$$\text{donc la fous-tangente} = \frac{\partial x}{\partial y} \cdot y = \frac{m y^{m-1}}{n a^{m-n} x^{n-1}} \cdot y = \frac{m y^m}{n a^{m-n} \cdot x^{n-1}}$$

$$= \frac{m a^{m-n} x^n}{n a^{m-n} x^{n-1}} = \frac{m}{n} \cdot x.$$

Remarque. Toutes les fois que x eft une fonction de y, on peut regarder x comme abciffe, & y comme l'ordinate rectangulaire d'une courbe & $\frac{\Delta x}{\Delta y}$ comme la tangente de l'angle fait par la fécante & l'or-dinate, donc pour $\Delta x = 0$; Δy doit auffi être zéro & la tangente de l'angle que fait la tangente de la courbe avec l'ordinate

$$= \frac{\partial x}{\partial y} \text{ eft dans ce cas toujours le réfultat}$$

donc $\quad \frac{\Delta x^2}{\Delta y^2}$ (eft dans le cas de $\Delta x = 0$) $\frac{\partial x^2}{\partial y^2}$

en général $\frac{\Delta x^n}{\Delta y^n}$ (eft dans le cas de $\Delta x = 0$) $\frac{\partial x^n}{\partial y^n}$.

§ 53.

Rectification.

Nous partirons de ce principe adopté par tous les géomètres: De deux lignes courbes ou compofées de droites qui ont la concavité tournée du même côté & mêmes extrémités, celle qui enveloppe l'autre eft la plus longue.

Soit s l'arc en queftion. La corde étant toujours plus petite que fon arc, & fa tangente toujours plus grande que lui, (V. le calcul différentiel par M. *de Tempelhoff* pag. 364) & comme l'arc eft une fonction de x & de y il fuit

$$\Delta x^2 + \Delta y^2 = (\text{corde})^2 \quad \& \quad \Delta x^2 + (\Delta y + e)^2 = (\text{tg.})^2$$

ainfi
$$\Delta s^2 > \Delta x^2 + \Delta y^2$$

&
$$\Delta s^2 < \Delta x^2 + (\Delta y + e)^2$$

donc
$$\frac{\Delta s^2}{\Delta x^2} > 1 + \frac{\Delta y^2}{\Delta x^2}$$

de même
$$\frac{\Delta s^2}{\Delta x^2} < 1 + \frac{\Delta y^2}{\Delta x^2} + \left(\frac{2\Delta y + e}{\Delta x^2}\right) \cdot e$$

$\left.\right\}$ cela eft vrai, la valeur de (e) foit auffi petite qu'on veut.

Si on développe fuivant le théorème de Taylor les Δs^2 & Δy^2 en les regardant comme des fonctions de x en obfervant qu'on n'a befoin que de développer le premier terme, on aura

$$\frac{\partial s^2}{\partial x^2} + \mathfrak{P}\Delta x > 1 + \frac{\partial y^2}{\partial x^2} + \mathfrak{Q}\Delta x$$

$$< 1 + \frac{\partial y^2}{\partial x^2} + \mathfrak{Q}\Delta x + Q.e \;(\S\,45.), \text{ donc felon } (\S\,15.)$$

$$\frac{\partial s^2}{\partial x^2} = 1 + \frac{\partial y^2}{\partial x^2}$$

ou
$$\partial s = V(\partial x^2 + \partial y^2)$$

$$= \partial x\, V\left(1 + \frac{\partial y^2}{\partial x^2}\right).$$

§ 54.

Quadrature.

La furface foit z elle eft fûrement une fonction de x, y nous aurons
$$\Delta z > y\Delta x$$
$$< (y + \Delta y)\,\Delta x$$

$$\text{ou} \qquad \frac{\Delta z}{\Delta x} > y \qquad \left.\begin{array}{c} \\ < y + \Delta y \end{array}\right\} \quad \text{donc } \frac{\partial z}{\partial x} + \mathfrak{P}\Delta x > y$$
$$< y + \mathfrak{Q}\Delta x \quad (\S\,45.)$$

$$\text{ou} \qquad \frac{\partial z}{\partial x} > y - \mathfrak{P}\Delta x$$
$$< y + \mathfrak{Q}\Delta x$$

$$\text{donc} \qquad \frac{\partial z}{\partial x} = y \quad (\S\,15.)$$

par conséquent $\partial z = y\,\partial x.$

§ 55.

Cubature des corps engendrés, par la révolution, autour de l'axe des abcisses.

Soit u l'espace du solide, qui est évidemment une fonction de x, y

$$\text{on aura} \qquad \Delta u > y^2 \Delta x \cdot \pi$$
$$< (y + \Delta y)^2 \Delta x \cdot \pi$$

$$\text{ou} \qquad \frac{\Delta u}{\Delta x} > y^2 \cdot \pi$$
$$< (y + \Delta y)^2 \pi = (y^2 + \mathfrak{P}\Delta y.)\pi \quad (\S\,19.)$$

Ceci est effectivement un cas tout-à-fait le même que § 54.

ainsi $\dfrac{\partial u}{\partial x} = y^2 \pi \quad (\S\,15.)$ donc $\partial u = y^2 \pi\, \partial x.$

§ 56.

Des surfaces de révolution.

Soit P l'aire de la surface sphérique, nous aurons

$$\Delta P > (2y + \Delta y)\pi\, V(\Delta x^2 + \Delta y^2)$$
$$\&\qquad \Delta P < \pi\,[(2y + \Delta y + e)\, V(\Delta x^2 + (\Delta y + e)^2)$$
$$+ (2y + 2\Delta y + e)e] \quad (\S\,53.)$$

mais $\quad V[\Delta x^2 + (\Delta y + e)^2] : \Delta x = \text{tg.} : \text{subtg.}$

ainsi $\quad V[\Delta x^2 + (\Delta y + e)^2] = \Delta x\, V\left(1 + \frac{\partial y^2}{\partial x^2}\right) \quad (\S\,52.)$

de même $\Delta y + e : \Delta x = y : \text{subtg.}$

ainsi $e = \dfrac{\partial y}{\partial x}\Delta x - \Delta y = \dfrac{\partial y}{\partial x}\Delta x - \mathfrak{P}\Delta x^2 \quad (\S\,45.)$

& comme $\Delta y = \dfrac{\partial y}{\partial x}\Delta x + \mathfrak{P}'\Delta x^2$

on aura $V(\Delta x^2 + \Delta y^2) = \Delta x\, V\left(1 + \dfrac{\partial y^2}{\partial x^2}\right) + \mathfrak{Q}\Delta x^2$

donc $\dfrac{\Delta P}{\Delta x} > 2\pi y\, V\left(1 + \dfrac{\partial y^2}{\partial x^2}\right) + \mathfrak{P}'\Delta x$

& en même temps $\dfrac{\Delta P}{\Delta x} < 2\pi y\, V\left(1 + \dfrac{\partial y^2}{\partial x^2}\right) + \mathfrak{Q}'\Delta x$

mais P est une fonction de l'abcisse x

donc $\Delta P = \dfrac{\partial P}{\partial x}\cdot\Delta x + \mathfrak{P}''\Delta x^2 \quad (\S\,45.)$

ainsi $\dfrac{\Delta P}{\Delta x} = \dfrac{\partial P}{\partial x} + \mathfrak{P}''\Delta x$

& $\dfrac{\partial P}{\partial x} > 2\pi y\, V\left(1 + \dfrac{\partial y^2}{\partial x^2}\right) + (\mathfrak{P}' - \mathfrak{P}'')\Delta x$

& $\dfrac{\partial P}{\partial x} < 2\pi y\, V\left(1 + \dfrac{\partial y^2}{\partial x^2}\right) + (\mathfrak{Q}' - \mathfrak{P}'')\Delta x$

donc $\dfrac{\partial P}{\partial x} = 2\pi y\, V\left(1 + \dfrac{\partial y^2}{\partial x^2}\right) \quad (\S\,15.)$

ou $\partial P = 2\pi y\cdot\partial x\, V\left(1 + \dfrac{\partial y^2}{\partial x^2}\right) = 2\pi y\, V(\partial x^2 + \partial y^2)$

$$= 2\pi y\cdot\partial s \quad (\S\,53.)$$

Fin du premier mémoire.